LA BOUTIQUE

DU

CHARBONNIER

LA BOUTIQUE

DU

CHARBONNIER

PAR

DEHERRYPON

PARIS
LIBRAIRIE HACHETTE ET Cie
79, BOULEVARD SAINT-GERMAIN, 79

—

1883

Châteauroux. — Typographie et Stéréotypie A. MAJESTÉ.

LA

BOUTIQUE DU CHARBONNIER

CHAPITRE PREMIER

LA BOUTIQUE D'OURADOU

N'allez pas la chercher, cette boutique, sur le boulevard des Italiens, dans les voies grandioses du nouveau Paris ; renoncez à l'idée de la trouver jamais dans l'avenue de l'Opéra ; un charbonnier y mourrait de faim. Mais, pour peu que vous soyez doté d'un esprit d'observation et de réflexion, donnez-vous la peine de me suivre, ami lecteur, j'ai la prétention de vous intéresser en vous faisant examiner l'une quelconque de ces boutiques de charbonnier ; et si vous le permettez, nous en choisirons une qui les résume toutes : celle de mon excellent voisin Ouradou.

Ouradou ! ce nom ne vous dit rien ; et en effet, ni dans l'histoire des Mérovingiens, ni dans celle des Croisades ; encore bien moins parmi les douze pairs de Charlemagne, vous n'avez vu et ne verrez jamais figurer un Ouradou.

Et pourtant, Jean-Pierre Ouradou, avec qui vous allez faire connaissance dans un instant, descend peut-être de l'un de ces rudes champions auvergnats, compagnons de Vercingétorix, qui, après avoir vaincu César à Gergovie, succombèrent glorieusement dans la défaite nationale d'Alésia.

C'est inutilement que j'ai interrogé vingt fois Ouradou à ce sujet. Il n'a jamais connu ce nommé Vercingétorix (il faut l'entendre prononcer ce nom-là), et pour ce qui est d'Alésia (Aléjia), ch'est peut-être un endroit à l'autre bout du Cantal, mais il peut chertifier qu'il n'y a pas de village de ce nom dans le canton de Salers et dans les cantons voisins, qu'Ouradou connaît comme sa poche, puisque lui-même est natif de Chaint-Paul, comme le témoigne d'ailleurs son acte de naissance que j'ai eu sous les yeux.

Jean-Pierre Ouradou vint très jeune à Paris ; non pas en qualité de maçon, comme la plupart de ses compatriotes, mais pour être employé chez un oncle, établi depuis longues années dans la grande ville, et qui avait gagné, dans sa boutique de charbonnier, de quoi vivre bien tranquillement à Saint-Paul, où il pensait se retirer lorsque son neveu Jean-Pierre serait en âge de s'établir et de lui succéder.

Ce moment arriva : un beau jour, les habitants de l'impasse Sainte-Thérèse, aux Batignolles, virent un fiacre chargé de bonnes grosses malles, très lourdes, s'arrêter à la porte du charbonnier, et leur ancienne connaissance Jean-Pierre, absent depuis six semaines, en descendre suivi d'une jeune femme, bien fraîche, bien réjouissante, costumée à la mode des femmes du Cantal. C'était Mme Ouradou, que Jean-Pierre était allé épouser en bonnes formes au pays, à Saint-Paul, et qu'il ramenait triomphalement à Paris pour l'aider dans son commerce.

Nous voilà au courant de tout ce qui intéresse nos personnages ; leur histoire, comme vous voyez, n'est ni dramatique, ni simplement mouvementée. A mon avis, c'est celle des sages, des heureux de la terre. Il me reste à vous les montrer fonctionnant dans leur commerce, dans leur boutique : permettez-moi, d'abord, de vous dire où elle est située.

L'impasse Sainte-Thérèse, en sa qualité d'impasse, n'est pas un endroit d'active circulation ; aussi elle est, comme toutes les impasses, délaissée par les commerçants dont le négoce s'adresse surtout aux *passants* ; et pour ce motif le loyer des boutiques y est relativement à très bon marché. — Un bijoutier, une modiste se garderont bien d'aller s'établir dans l'impasse Sainte-Thérèse ou toute autre ; une blanchisseuse, un cordonnier (en vieux), un charbonnier, qui n'ont nullement besoin d'attirer l'attention des passants, choisiront, au contraire, ces boutiques écartées qui ne les entraînent à aucuns frais de loyer et d'élégance dont ils n'ont que faire...

Le charbonnier surtout recherche les quartiers pauvres mais populeux qui lui assurent une clientèle forcée, des débouchés certains dans son voisinage, car il faut que sa boutique soit dans le voisinage. Il faut que l'on puisse, de grand matin, avant de s'être peignée (bon Dieu ! comme je suis faite !), aller, en courant, acheter son boisseau de charbon et revenir au galop, pour faire chauffer le café du mari qui doit partir à l'ouvrage.

Un boisseau de charbon, un *demi-cent* de bois, telles sont, en effet, les quantités de combustibles abordables pour les maigres bourses des ménages d'ouvriers et de petits employés. Comment acheter et où loger une dizaine d'hectolitres de coke, un ou deux sacs de charbon, lorsque l'on ne dispose que d'une chambre, et lorsque le jour de la paye arrive toujours trop tard ?

Tous les deux jours, quelquefois tous les jours, (ça file vite, le charbon !), la ménagère va donc chez le charbonnier acheter le combustible qui lui est nécessaire pour chauffer le lait le matin, cuire la soupe dans la journée, et faire un petit brin de feu dans la soirée, car il commence à faire joliment froid.

Et puis, c'est un vrai plaisir de causer un moment avec Mme Ouradou qui est bien polie, bien avenante, et qui ne refuse pas, de temps en temps, un peu de crédit aux gens de bonne conduite.

Nous voici arrivés devant la boutique. Malgré l'enseigne parlante qui représente un wagon chargé de bois, un bateau chargé de houille, et un charbonnier, est-ce Ouradou? courbé sous le poids d'un sac de charbon ; malgré toutes ces belles choses, vous ne semblez pas émerveillé, et c'est très excusable, je m'y attendais. Mais un peu de patience ! Lorsque vous vous serez donné la peine de réfléchir un moment; lorsque votre pensée aura suivi les diverses phases qui ont présidé à la production des humbles marchandises entassées dans cette noire boutique, vous cesserez de regarder boutique et marchandises d'un œil indifférent; vous

vous surprendrez à y trouver infiniment plus d'intérêt que vous n'en éprouvez à la vue des splendides joailleries qui étincellent à la vitrine de nos grands bijoutiers. La preuve ne se fera pas attendre. Entrons :

« Bonjour, madame Ouradou.

— Bien le bonjour, monsieur, il y a plusieurs jours qu'on ne vous a pas vu. Vous n'avez pas été malade ?

— Non, Dieu merci, madame Ouradou ; et chez vous, tout le monde va bien ?

— Très bien. Ouradou est allé à Bercy chercher du charbon; il ne peut pas tarder à rentrer. Mais qu'y a-t-il pour votre service ?

— Rien, pour le moment, j'ai voulu seulement vous dire un petit bonjour en passant, et examiner votre boutique, comme un curieux que je suis.

— Oh ! ce sera bientôt examiné, » répondit la marchande en riant, ce qui nous permit d'admirer deux rangées de dents éclatantes de blancheur au milieu d'un visage qui ferait songer aux négresses du Congo, si les lèvres rouges comme des cerises, les yeux bleus de la blonde Mme Ouradou ne vous disaient qu'une simple ablution, un peu prolongée, transformerait aisément cette pseudo-négresse en blanche très appétissante, ma foi.

« Entrez donc, monsieur, ajouta-t-elle, et ne vous gênez pas, vous êtes chez vous. »

On entre assez facilement dans la boutique ; mais pour s'y remuer, pour s'y asseoir surtout, c'est une autre affaire. Déjà très exigu, l'espace a été utilisé jusqu'à l'extrême. Les bûches de bois, les cotrets, les margotins, sont empilés jusqu'au plafond, et occupent plus de la moitié de la boutique. Le surplus, à l'exception de deux mètres carrés, réservés à l'entrée pour recevoir les clients et peser la marchandise, le surplus est un entassement de sacs de charbon, de houille et de coke. Une grande caisse renferme les pommes de pin qui sont utilisées pour l'allumage du feu ; et l'encombrement est complété par une grande fontaine en zinc renfermant l'eau filtrée qu'Ouradou débite également à ses clients. Le feu et l'eau, ces deux antithèses, se rencontrent effectivement chez notre charbonnier et y vivent en bonne intelligence.

Comme le disait tout à l'heure Mme Ouradou, l'examen de la boutique est bientôt fait ; c'est, du reste, le côté tout à fait insignifiant de la question qui, réduite à ce simple inventaire, ne mériterait pas que l'on y arrêtât un instant sa pensée.

Mais à l'indifférence succède un véritable éblouissement, si l'on se hasarde à creuser cette question, à réfléchir au rôle transcendant que joue dans le mécanisme social actuel chacun des deux produits qui se rencontrent chez Ouradou, le bois contemporain et le bois fossile.

On est bientôt entraîné dans un courant irrésistible de réflexions ; ce courant ne tarde pas à prendre les proportions d'un torrent, et l'image d'Ouradou, de sa boutique et de ses marchandises s'évanouit pour faire place à d'autres images d'un ordre infiniment supérieur.

Du bois ! de la houille ! du feu !

Le feu ! N'est-ce point par l'art de faire du feu

et de s'en servir pour cuire ses aliments et combattre le froid, que l'homme a manifesté, pour la première fois, sa supériorité sur les autres animaux terrestres? Le plus intelligent parmi ceux-ci n'a jamais songé à substituer au soleil absent une autre source de chaleur et de lumière artificielles.

Le feu, au contraire, lui fait peur, le terrifie : à l'exception du chat et du chien, qui vivent incessamment de la vie de l'homme, et participent conséquemment à ses habitudes du confortable, tous les animaux, le singe inclus dont on voudrait faire notre ancêtre, tous les animaux redoutent le feu et s'en éloignent.

Que ne devons-nous pas au feu ? Sans lui, sans son intervention, l'espèce humaine disputerait encore aujourd'hui aux animaux inférieurs une modeste place sur les derniers échelons de l'échelle zoologique. C'est par le feu que nous avons conquis les métaux, c'est-à-dire les moyens les plus efficaces de dompter la matière et d'atteindre le degré surprenant de domination terrestre auquel nous sommes arrivés.

Sans le feu, les conceptions les plus merveilleuses de nos hommes de génie seraient restées éternellement dans les limbes, et aujourd'hui nous n'aurions ni vapeur, ni gaz, ni électricité, que sais-je encore ?

Tout, absolument tout ce que nous possédons de bien-être, nous le devons au bois et à la houille.

Mais qu'est-ce donc que le bois ? Qu'est-ce que la houille ? D'où vient la houille ? Comment s'est-elle formée ?

CHAPITRE II

LA HOUILLE. — SON ORIGINE

D'où vient la houille? Comment s'est-elle formée? Ces deux questions qui terminent le chapitre précédent, et que j'exposais tout haut, un beau jour, en présence d'Ouradou, ne semblaient pas éveiller l'attention et la curiosité du brave homme; ou si elles l'intéressaient, ce n'était que très médiocrement. Dans tous les cas, sa figure exprimait franchement la résolution de ne pas se rompre inutilement la tête, pour chercher la solution d'un problème auquel son commerce ne se rattachait que par des points qui lui paraissaient trop éloignés.

« Voyons, Ouradou, lui dis-je, un jour, avez-vous pensé quelquefois à l'origine de la houille, qui est une partie importante de votre commerce ?

Vous êtes-vous demandé de quelle façon cette houille s'était formée, quels événements avaient présidé à son enfouissement dans le sol ?

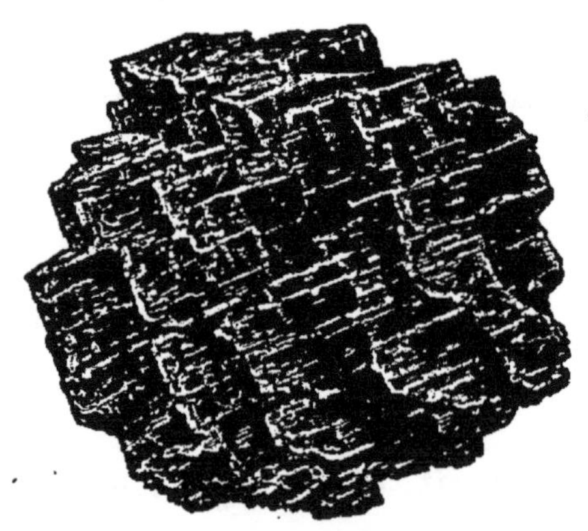

La houille.

Et ce sol, cette terre elle-même sur laquelle vous vivez ; vous, madame Ouradou, votre petit Pierre et des centaines de millions d'autres, vous êtes-vous demandé comment et pourquoi elle existe, et pourquoi il vous est possible d'y exister et d'y exercer votre profession de charbonnier ? »

Ouradou ne répondit à ces questions que par quelques interjections sourdes qui ne voulaient rien dire ; et sachant par expérience ce qui allait lui arriver, il alla s'asseoir aussi commodément que possible dans un coin de sa boutique, sa figure exprimant plus de résignation que de curiosité.

« Allez, dites, monsieur, fit-il en poussant un gros soupir, ça doit être bien intéressant ! »

Je commençai donc, en prenant les choses d'un peu loin, c'était indispensable, et me proposant néanmoins de ne pas m'attarder en chemin et d'arriver, le plus vite possible, au déluge :

« La matière, lui dis-je, tout ce qui frappe nos sens, tout ce qui constitue l'*Univers*, obéit à une loi fondamentale à laquelle rien de ce qui a été créé n'a pu et ne saurait se soustraire. Cette loi peut, à défaut d'une définition plus concise qui m'échappe, se résumer en trois mots :

AVEC LE TEMPS.

Le temps, constructeur et destructeur de toutes choses, ne connaît pas le repos ; son action, irrésistible, est incessante, et sa mesure varie à l'infini, car chacun mesure le *temps* en le comparant à la durée de sa propre existence. Les insectes de l'Hypanis dont parle Aristote, et qui ne sauraient vivre plus de douze heures, calculent sans doute le temps par secondes : l'homme le calcule par années, par siècles même, si vous voulez ; mais pour l'Univers, pour la création des planètes telles que la Terre, des milliers de nos petits siècles ne sont plus que des secondes pour le Créateur, des milliards de milliards de nos siècles ne sont absolument rien, puisqu'il est éternel.

Lorsque l'on aborde les phénomènes géologiques qui ont précédé, accompagné et suivi la naissance et le développement de notre planète, il est nécessaire d'habituer sa pensée à l'énormité des chiffres de toute nature qui peuvent, seuls, donner une idée de l'importance de semblables événements. Un exemple : *L'âge de pierre,* qui est celui de l'homme primitif, et dont la durée ne saurait être comparée à celle d'une époque géologique, comprend, à lui seul, une période de plus de cent mille ans.

Je cite ce chiffre parce qu'il se rapporte à la

découverte géologique la plus récente ; et nullement à cause de son importance, qui n'est que relative.

La géologie, que Voltaire plaisantait spirituellement au siècle passé, est devenue, entre les mains d'observateurs du plus haut mérite, une science à laquelle nous pouvons, aujourd'hui, demander l'âge d'un terrain, d'un fossile, d'un événement géologique ; elle nous donnera ces renseignements à quelques milliers d'années près. Quelques milliers d'années, répétons-le, ne signifient rien dans la vie d'une planète ; c'est peut-être moins qu'une minute dans la vie d'un homme ; et si ce gros chiffre de cent mille ans. qui représente la durée de « l'âge de pierre », effraye notre imagination, c'est que notre imagination n'est pas suffisamment habituée à l'usage des gros chiffres géologiques ; elle s'y fera.

La géologie nous apprend que le Temps est l'agent essentiel auquel le grand Semeur de planètes a confié le soin de faire arriver notre Terre au rang qu'elle occupe aujourd'hui dans l'ensemble universel.

Il est incontestable qu'il a fallu à toute chose créée, animal ou plante, roche ou planète, un *temps* composé de plus ou moins de secondes, d'années ou de siècles, pour atteindre une période déterminée de son développement.

L'examen de l'écorce de notre terre, l'analyse des matériaux qui la composent, l'analogie évidente des phénomènes qui fonctionnent encore de nos jours et que nous pouvons reproduire ; tout, en un mot, prouve, d'une manière irréfutable, que notre globe, comme tout ce qui existe, n'est arrivé au degré qu'il occupe actuellement sur l'échelle de la perfection, qu'après avoir passé successivement, et *avec le temps*, par toutes les phases ordinaires de la procréation.

Il serait aussi illogique de supposer encore que Dieu a créé de toutes pièces notre planète telle que nous la voyons, qu'il serait absurde de réclamer de sa toute-puissance que l'homme, par exemple, sortît du sein de sa mère dans la plénitude de son développement corporel et intellectuel, sans passer par l'élaboration progressive de la procréation, de l'enfance et de l'adolescence.

Il est bien évident que la Terre a passé, comme toute chose, par l'état embryonnaire avant d'avoir acquis son volume et sa configuration actuels. Il faut admettre que, quel que soit son rang, quelle que soit son importance parmi les choses créées, sa naissance a dû, soumise à une loi uniforme, égale pour tous, grands et petits, être la conséquence prévue, calculée d'un acte naturel qui a exigé un laps de *temps* dont la mesure est inaccessible pour nous.

A cet égard, nous en sommes réduits à fouiller le champ fantaisiste des conjectures. Ce champ des conjectures est ouvert à tout le monde : chacun a le droit d'y cultiver la sienne. J'en profite.

Je suppose donc que l'embryon de notre planète n'était, en premier lieu, qu'une graine de la semence *cosmique,* sous la forme d'un bolide incandescent, en fusion, qui roulait, furibond, à travers l'espace, ramassant et s'incorporant, chemin faisant, d'autres bolides également en fusion ; de la même façon que plusieurs gouttelettes de mercure, éparses sur une assiette, finiront par se réunir, s'incorporer à la plus grosse d'entre elles pour n'en former qu'une seule dont le volume représentera la somme des volumes de toutes les gouttelettes incorporées. Il semble superflu de faire observer que c'est seulement sous la forme liquide de matières en fusion, que de semblables incorporations peuvent s'effectuer.

Lorsque, par suite de ces annexions, notre bolide eut acquis le volume actuel de la Terre, il passa sans doute à distance convenable de l'énorme masse attractive du Soleil, et ce fut alors que celui-ci attacha notre globe au cortège discipliné des nombreuses planètes qui gravitent autour de lui.

Ce bolide était entouré d'une atmosphère immense qu'il avait également recrutée dans sa course vagabonde à travers l'espace où il rencontrait aussi de nombreuses comètes spéciales qui lui fournirent peut-être les éléments de cette atmosphère. Mais cette première atmosphère était bien différente de celle que nous respirons aujourd'hui : elle était formée d'abord des produits de la vaporisation de tous les métaux et métalloïdes volatilisables à la température excessive du bolide, tels que le sodium, le potassium, l'aluminium, le silicium, le soufre, le *carbone*, etc. ; puis, venait une couche de vapeur d'eau représentant en volume deux mille fois celui de la quantité d'eau qui existe actuellement sur la terre ; et enfin d'une autre couche bien autrement épaisse de corps naturellement gazeux ; l'oxygène (celui-ci en grand excès), l'azote, le chlore, etc., laquelle couche complétait l'immense enveloppe atmosphérique qui entourait le bolide.

Cependant (mais après combien de milliers de siècles ?) la surface du bolide se refroidit, prit de la consistance, une première croûte se forma, partie avec les métaux et métalloïdes antérieurement gazéifiés, partie avec les matériaux déjà solides du bolide. Puis, la chaleur de la surface diminuant toujours, les métalloïdes, qui

COUPE DE L'ÉCORCE TERRESTRE

Comprise

ENTRE LES TERRAINS DE SÉDIMENT LES PLUS ANCIENS ET LES PLUS RÉCENTS

PAR L. SIMONIN

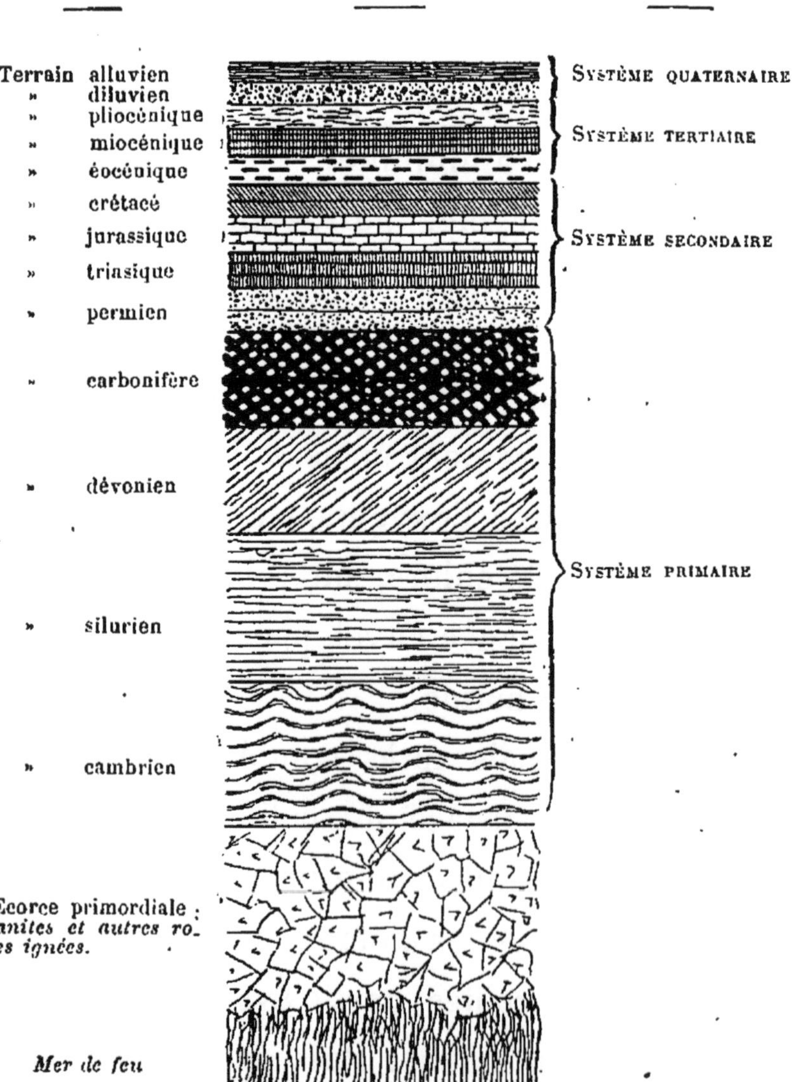

étaient encore à l'état gazeux, purent se solidifier et se déposer : en même temps, ils s'oxydent, se combinent, et participent à la formation d'une seconde croûte. Plus tard, l'eau, qui était à l'état de vapeur, put à son tour se liquéfier et elle vint couvrir de vastes étendues sur la surface du globe.

L'atmosphère se trouva donc relativement purifiée ; et la vie organique devint dès lors possible, mais dans de modestes limites. C'est l'époque du premier apaisement : la Terre est née.

Pour nous, misérables petits humains, pour notre courte vue, pour nos facultés sans vigueur, l'image de ce travail, de cet enfantement gigantesque de notre planète est un sujet de stupéfaction ; mais pour la nature ce n'est rien, c'est tout simplement une molécule qui prend sa place sous le regard impassible du Créateur.

La première manifestation de la vie organique sur notre globe fut nécessairement l'apparition des végétaux. Les plantes se trouvèrent tout

Végétation antédiluvienne.

d'abord dans un milieu extrêmement favorable à leur multiplication et à leur développement. La température était très élevée ; le sol était chauffé par l'immense foyer intérieur ; c'est le procédé employé de nos jours par les horticulteurs qui chauffent artificiellement le terreau de leurs serres, en y faisant circuler des tuyaux remplis de vapeur d'eau chaude ; l'atmosphère, très humide, était chargée d'acide carbonique ; la végétation devait donc être luxuriante, infatigable. Et en effet, les palmiers, les fougères arborescentes, les roseaux gigantesques, toute la flore fossile que nous rencontrons à cet étage de l'écorce terrestre, sont les témoins irrécusables de cet état atmosphérique.

Bientôt aussi deux ou trois espèces de poissons, quelques mollusques et coquillages vinrent peupler ces forêts splendides, et inaugurèrent modestement la vie animale.

Parmi les poissons, citons l'*amblyptère* dont l'empreinte a été trouvée dans le bassin houiller de Sarrebruck. Tout poisson qu'il était, l'amblyptère n'a pas su échapper aux différents cata-

clysmes diluviens qui se sont succédé ; son espèce a disparu ; elle ne figure plus parmi celles de la famille des lépidoïdès à laquelle l'amblyptère eût appartenu de nos jours.

L'*archégosaure* fut sans doute le premier saurien (lézard) qui apparut sur la terre. L'empreinte qui le représente a été trouvée, comme celle de l'amblyptère, dans le bassin houiller de Sarrebruck [1].

Un *nautile*, un *spirifère* sont les coquilles de l'époque ; quelques polypiers viennent aussi nous donner, par leurs fossiles, une idée de ce que pouvait être la vie animale à la première époque.

Ces êtres, d'un ordre tout à fait inférieur, avaient nécessairement les appareils respiratoires infiniment moins exigeants que ceux des animaux qui apparurent par la suite ; ils pouvaient se contenter de l'atmosphère encore viciée de leur époque. C'est bien encore là une preuve que la vie est une nécessité dans la na-

1. Voir l'excellent livre de L. Simonin : la *Vie souterraine* (Librairie Hachette, 1867).

ture : partout où se produit une place dans laquelle la vie soit possible, que cette place soit brillante, qu'elle soit humble, un être quelconque, plante ou animal, est organisé de façon à pouvoir l'occuper.

La tranquillité des temps dont nous parlons était fort précaire : des convulsions violentes agitaient fréquemment l'écorce encore si mince de la Terre. Ce n'était toujours qu'une faible croûte qui se boursouflait, se soulevait ou s'affaissait, selon la direction et la cessation des mouvements tumultueux de la masse incandescente et liquide qu'elle recouvrait. D'après les observations qui ont eu pour objet de déterminer l'accroissement de la température à mesure que l'on s'enfonce dans l'intérieur de la terre, cet accroissement serait de 1 degré centigrade par 33 mètres de profondeur. Si la température s'élevait toujours proportionnellement, il faudrait en conclure que la croûte sur laquelle nous vivons actuellement ne serait *solide* que jusqu'à la profondeur de 40,000 mètres ; — au delà, la température serait suffisante pour fondre les roches de l'étage primitif ; et plus profondément encore, la température serait assez élevée pour *vaporiser* tous les corps que nous connaissons.

La *pellicule* extérieure de la terre peut être comparée à la pelure la plus mince d'un oignon ; tout le reste du bulbe étant représenté par une masse à l'état de fusion. Supposez que l'on veuille représenter la Terre par une sphère de 2 mètres de diamètre ; pour appliquer à la croûte *solide* son épaisseur proportionnelle, cette croûte superficielle ne devrait avoir que 4 à 5 millimètres d'épaisseur. On conçoit qu'une aussi mince enveloppe doive obéir aisément à tous les mouvements, soulèvements et affaissements, qui peuvent se manifester dans l'énorme masse liquéfiée qu'elle recouvre.

Les *océans* suivaient nécessairement ces mouvements brusques ou lents : à chacun d'eux, ils étaient naturellement déplacés. Chassées de leur lit par un soulèvement de l'écorce terrestre, ou, peut-être aussi, entraînées par des affaissements effrayants de cette écorce, les eaux

ÉPAISSEUR COMPARÉE DE LA CROUTE TERRESTRE [1]

COUPE ÉQUATORIALE

(L'échelle des profondeurs est 50 fois plus grande que celle des longueurs.)

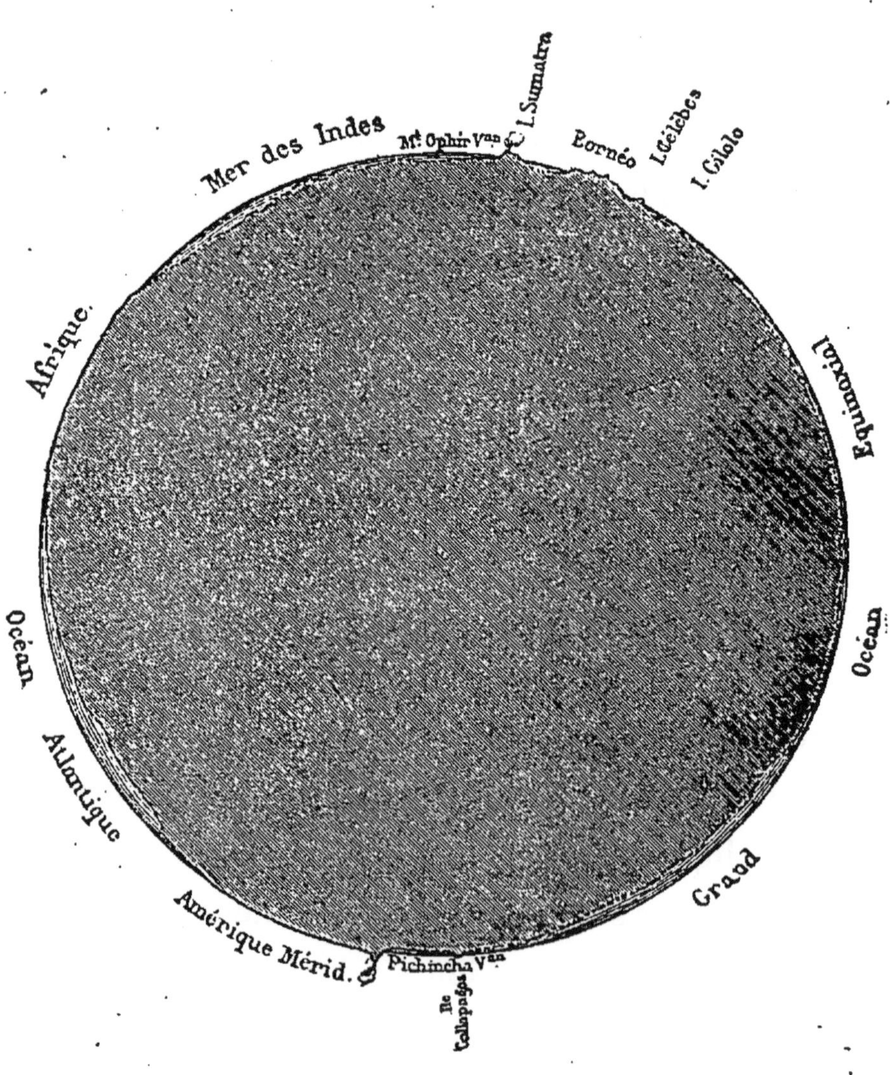

1. Le fond du Grand Océan équinoxial et celui de la mer des Indes ont été représentés en pointillé, les documents étant trop rares pour les déterminer avec précision.

allaient recouvrir des espaces jusqu'alors asséchés, et des forêts splendides, des quantités immenses de mousses et de cryptogames se trouvaient, de la sorte, submergées, englouties. — Puis la tranquillité se rétablissait, et les eaux laissaient déposer au-dessus de l'amoncellement des végétaux submergés toutes les matières siliceuses, alumineuses ou calcaires qu'elles tenaient en suspension. En se déposant, ces matières, d'une ténuité et d'une plasticité extrêmes, prenaient, avec une fidélité merveilleuse, que la galvanoplastie de nos jours a pu égaler, mais non surpasser, l'empreinte des objets les plus délicats. C'est à la conservation non moins merveilleuse de ces empreintes, que nous devons la connaissance des premières heures de la vie sur notre planète.

Après des centaines de siècles de repos, ces matières se trouvèrent constituées en roches *sédimentaires* ; sous la pression lente, progressive, mais formidable de celles-ci, la couche plus ou moins épaisse des végétaux engloutis s'était concentrée, comprimée, pour ne plus former qu'une seule masse uniforme, homogène, laquelle, après avoir subi la manipulation mystérieuse des *temps*, se trouve enfin transformée en un *fossile* qui conserva toutes les propriétés combustibles des végétaux originaires : c'était la première couche de *houille.*

Le sédiment recouvrant cette première couche de houille, laissée à sec par les eaux, se trouvait dans les mêmes conditions climatologiques que le terrain inférieur sur lequel les premiers végétaux avaient si bien crû et prospéré; il se couvrit bientôt d'une nouvelle végétation tout aussi vigoureuse, laquelle, soumise à des événements semblables, éprouva le même sort; et une seconde, une troisième, une quatrième, couche de houille, etc., se forma de la même façon.

Cette succession d'intermittences de végétation, de submersions et d'enfouissements constitue la période du terrain *houiller.*

Voilà, Ouradou, ce que, entre autres conjectures plus ou moins solidement établies, nous pouvons supposer de l'origine de notre petite planète, et de la formation de cette houille providentielle, qui nous restitue, après des milliers de siècles, des masses immenses de combustible, que la nature semble avoir sagement emmagasinées pour ne nous les livrer qu'au moment voulu, c'est-à-dire lorsque la race humaine, parvenue à un degré suffisant de savoir et d'expérience, aurait besoin de cette force immense pour donner l'essor à la réalisation des productions de son génie.

Mais, répondez-moi, avez-vous bien compris cela, Ouradou? »

Jean-Pierre Ouradou dormait profondément.

CHAPITRE III

LA HOUILLE. — SA DÉCOUVERTE

Il faut aller chercher dans les ténèbres de la nuit des temps l'époque à laquelle les propriétés combustibles de la houille furent primitivement constatées. Il est à présumer que cette constatation a précédé de beaucoup l'école d'Aristote, puisque Tyrtame, son illustre élève, que ses contemporains avaient surnommé Théophraste (divin parleur), nous dit, dans son *Traité des pierres*, que « ces matières terreuses que l'on appelle charbon s'enflamment et brûlent de la même manière que le charbon de bois... elles sont, dit-il, utilisées par les forgerons. »

Théophraste vivait il y a 2200 ans, et nous

devons supposer, puisqu'il ne parle pas, ce divin parleur, de la découverte de ce combustible, que l'époque de sa découverte était déjà trop éloignée pour qu'elle pût lui être connue.

Par sa couleur, par la facilité avec laquelle elle brûle, la houille a dû attirer l'attention, éveiller la curiosité chaque fois que l'affleurement d'une couche a permis d'examiner cet étrange produit.

Une pierre noire qui brûle, qui flambe, a certainement émerveillé les hommes des premiers âges ; mais comme ils avaient du bois en abondance, et que d'ailleurs leurs besoins étaient proportionnels à leur industrie rudimentaire, la houille ne pouvait pas être un auxiliaire, mais tout simplement un objet de curiosité pour eux.

Son utilisation industrielle fut très tardive : les Anglais prétendent que l'on commença chez eux à se servir de la houille vers le neuvième siècle ; mais ceci n'est pas démontré. Les Saxons, de leur côté, affirment que le mot « houille » dérive du très ancien mot saxon *hulta*, qui désigne le « charbon de pierre », et que celui-ci était connu depuis longtemps dans leur pays.

Ces prétentions ne me semblent pas suffisamment fondées ; je leur préfère d'ailleurs beaucoup la petite légende flamande que je vais vous transcrire, bien qu'elle ne soit peut-être pas plus solidement établie que les réclamations des Anglais et des Saxons. La voici :

Maître *Hulloz* était un pauvre forgeron des environs de Liège, qui élevait péniblement toute une nichée d'enfants qu'il devait, bon gré mal gré, à la libéralité peut-être irréfléchie de sa femme, bonne ménagère au demeurant.

De la viande aux grandes fêtes carillonnées ; un pot de cervoise le jeudi et le dimanche ; du pain, grâce à Dieu, presque tous les jours ; et l'on parvenait ainsi, cahin-caha, le hasard aidant un peu, la Providence faisant le reste, à atteindre la fin d'une année et à en recommencer une autre.

Les affaires de la forge allaient donc plus que doucement ; et un beau jour de l'an 1049, jour de chômage sans doute, maître Hulloz, à défaut d'occupations plus lucratives, promenait sa tristesse et son découragement dans les environs de son village, lorsque, à un détour de la route, il se trouva inopinément en présence d'un grand vieillard imposant, mystérieux d'aspect et qui semblait l'attendre.

Le visage de ce vieillard était bienveillant; ses regards fixés sur maître Hulloz manifestaient une douce pitié. Ce fut donc assez résolument que notre forgeron, sur un geste qui, du reste, lui parut irrésistible, le suivit et s'enfonça avec lui dans un ravin écarté où bientôt le vieillard s'arrêta.

Ils se trouvaient en face d'une déchirure de la berge : la terre, récemment éboulée, avait laissé à nu une roche étrange que le vieillard, toujours muet, désigna du doigt.

La couleur noire de cette roche, son aspect brillant, qui la faisaient si différente des roches environnantes, étaient bien faits pour étonner maître Hulloz, déjà passablement ému par la singularité de l'aventure ; mais sa stupéfaction fut au comble lorsque, se retournant pour demander enfin une explication à son guide, il s'aperçut que celui-ci avait disparu. Par où, comment? Impossible de l'imaginer.

Mille réflexions assaillirent le cerveau de notre brave forgeron ; mais enfin, la logique prenant le dessus, il se dit que bien certainement le vieillard ne l'avait pas conduit dans ce ravin pour se donner la simple satisfaction de disparaître ; il devait avoir un autre but, et ce but était évidemment de lui faire connaître cette roche noire, devant laquelle lui, maître Hulloz, était toujours placé.

Après quelques dernières hésitations, il s'approcha et l'examina avec plus de calme et d'attention ; il en arracha ensuite des fragments, dont il remplit ses poches et qu'il emporta chez lui.

Que de commentaires, grands dieux ! ne fit-on pas dans la pauvre famille, sur la nature, l'espèce et surtout sur l'origine semi-diabolique de ces morceaux de pierre noire que maître Hulloz avait étalés sur la table !

La bonne femme, toute tremblante, parlait d'aller quérir M. le curé et son latin ; mais le forgeron, déjà plus rassuré, décida qu'il serait toujours bien temps d'exorciser, et voulut, avant tout, s'éclairer sur la valeur temporelle de sa trouvaille.

Après quelques tâtonnements, quelques essais sans résultat pour faire de la couleur noire avec cette pierre, maître Hulloz, en qualité de forgeron, voulut en soumettre quelques morceaux au vent de son soufflet de forge ; et aussitôt nouvel ébahissement, de la pierre noire jaillit une flamme brillante. Une chaleur intense acheva de lui dévoiler ses précieuses qualités.

Hulloz devint le parrain de sa pierre noire. Depuis cette époque, sa filleule a fait son chemin.

Telle est la chronique flamande, qui est beaucoup plus longue, et que j'ai résumée en quelques lignes.

Découvrir la houille et constater ses précieuses qualités combustibles, c'était déjà quelque chose, mais combien de temps s'écoula encore avant que ces qualités fussent utilisées et mises au service du plus étonnant mouvement industriel qui se soit produit et se produira jamais. Ce mouvement n'eût même pu être conçu, si les immenses quantités de houille sur lesquelles chaque nouvelle conception s'appuyait n'avaient pu être extraites et livrées en temps utile. C'est uniquement sur la houille que nos grands ingénieurs et inventeurs se sont appuyés, lorsqu'il s'est agi de nous fournir, à bas prix, des volumes énormes de gaz, des millions de tonnes de fer et d'acier et, en même temps que le fer, une force motrice qui n'a, pour ainsi dire, plus de limites.

La *vapeur* est venue compléter, grâce à la houille, le rouage merveilleux qui donne du travail et du pain à des millions de travailleurs.

Ce n'est pas dans le ravin de maître Hulloz que l'on pouvait rencontrer les centaines de millions de tonnes de houille qui alimentent annuellement les grandes industries modernes. Il a bien fallu les chercher partout où il n'était pas déraisonnable d'espérer les rencontrer. La géologie a été d'un grand secours dans ces recherches ; elle nous a appris à reconnaître les roches sédimentaires qui accompagnent et caractérisent les *terrains houillers.*

Le hasard, de son côté, nous a prêté de temps en temps son concours, lorsque, par exemple, une épaisse couche d'alluvion nous cachait les roches qui nous eussent guidés vers la houille, et dont aucun indice extérieur ne pouvait faire soupçonner l'existence.

La sonde est l'instrument avec lequel on va interroger les grandes profondeurs du sol.

Avec la sonde, on s'assure d'abord de l'existence des roches (grès et schistes) qui constituent le terrain houiller, ensuite de la présence et de l'importance des couches de houille.

La sonde est un outil à surprises, et celui qui en fait usage est incessamment sous le coup des émotions les plus vives : les unes agréables, les autres désespérantes. Pas un seul moment de monotonie dans la vie du sondeur, je veux dire dans la vie de celui qui fait sonder. Hier

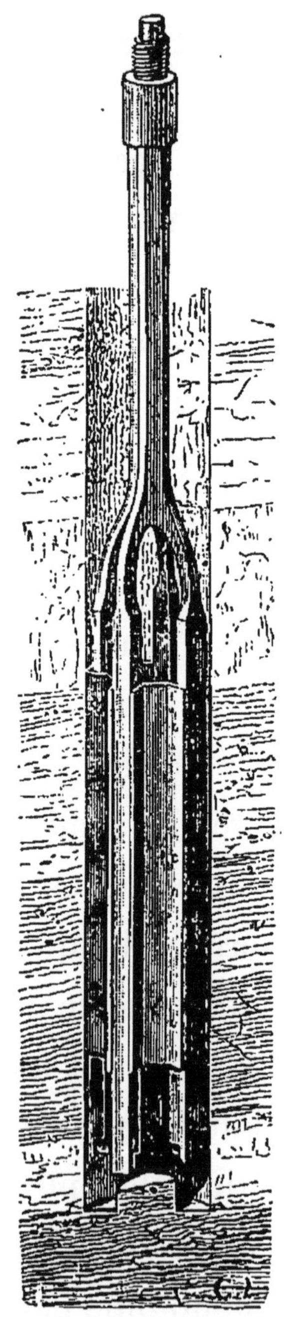

Trépan pour le sondage.

la sonde a ramené une *carotte* de schiste dans lequel on croit reconnaître des empreintes caractéristiques; on passe une bonne nuit. Aujourd'hui une nouvelle carotte extraite ne présente aucune trace d'empreinte ; mauvaise nuit. Demain on ramènera au jour les vestiges irrécusables d'une première petite couche de houille; quelle joie ! et ainsi de suite jusqu'au moment où la sonde n'a plus rien à nous apprendre : nous sommes fixés sur la valeur houillère du terrain que nous venons d'explorer.

La sonde et le hasard réunis nous ont fait découvrir, il y a trente ans, ce riche bassin du Pas-de-

Calais que l'on cherchait vainement plus au sud.

Une dame, Mme de C***, voulant fournir en abondance de l'eau au parc qui entourait son château, y faisait forer un puits artésien. La sonde était déjà arrivée à une assez grande profondeur, et la nappe d'eau jaillissante que l'on cherchait ne se rencontrait pas encore. Mais voilà que, un beau jour, un bien beau jour, des débris ramenés à la surface témoignent clairement de la présence du terrain houiller. La nouvelle se propage avec la rapidité d'une traînée de poudre ; et elle fut accueillie avec le fiévreux enthousiasme auquel il fallait s'attendre dans un pays riche et industrieux comme l'Artois ; car c'était pour le pays un événement de la plus haute importance.

En un moment, de nombreuses sociétés de recherches s'organisèrent ; et bientôt toute la contrée fut transpercée de centaines de coups de sonde, dont quelques-uns sont l'origine de fortunes inespérées.

Mme de C*** n'eut peut-être pas la satisfaction de faire jaillir de l'eau dans son parc, mais elle a celle, bien préférable, d'être la cause indirecte d'une découverte qui a doté la France d'un magnifique bassin houiller. Volontaire ou non, c'est un splendide cadeau.

CHAPITRE IV

LA HOUILLE. — SON EXPLOITATION

Lorsque la présence et une suffisante abondance de la houille ont été constatées par le sondage, le point le plus intéressant est établi ; mais il reste encore beaucoup à faire.

Il s'agit en effet de rendre cette houille accessible et exploitable : ce n'est pas toujours facile, et c'est presque toujours très coûteux.

Dans la plupart des cas, c'est par des puits verticaux que l'on attaque les différentes couches de houille signalées par les sondages ; et l'établissement de ces puits est fréquemment hérissé de difficultés que la sonde n'a pas toujours fait prévoir. La dépense est proportionnelle aux difficultés ; elle est parfois considérable (2,500,000 fr.) ; parfois aussi, cette énorme dépense est faite en pure perte, quand il faut abandonner le fonçage d'un puits avant d'avoir pu atteindre la houille. Nous en avons eu un exemple, entre autres, dans un puits dont on a

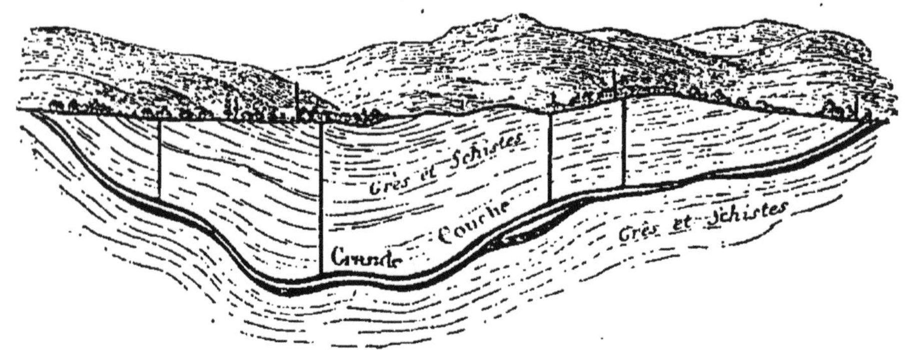

Coupe transversale du bassin houiller de Rive-de-Gier.
Puits de sonde.

vainement tenté l'achèvement dans la Moselle. Quatre millions y furent engloutis et il fallut se retirer devant des quantités d'eau tellement abondantes, qu'il était impossible de les épuiser.

Comme toutes les conquêtes, la prise de possession d'une couche de houille est très coûteuse ; quelquefois elle est stérile et ruineuse.

Ruineuse ou simplement coûteuse, la mise en exploitation d'une ou plusieurs couches de houille doit toujours être précédée du fonçage d'un ou plusieurs puits, à moins que ces couches ne viennent déboucher à ciel ouvert, sur la croupe d'une montagne ou sur la berge d'un ravinement de terrain. Dans ce dernier cas, on l'attaque par des galeries étagées à différents niveaux. C'est alors une circonstance heureuse qui diminue sensiblement les frais de mise en exploitation.

Mais le plus souvent, c'est seulement par un puits, quelquefois très profond (600 à 800 m.), que l'on peut atteindre les couches utilement exploitables ; et c'est alors qu'il est fréquemment nécessaire d'appliquer un capital considérable et une persévérance à toute épreuve à l'exécution de ce travail.

Un puits de mine est une véritable œuvre d'art dont le mérite passe inaperçu pour le public : les mineurs en sont les uniques appréciateurs. Le public, ce bon public dont il est déjà très difficile d'attirer l'attention sur un monument éclairé par le soleil, ne montre que de l'indifférence pour une perforation du sol toujours plongée dans l'obscurité, et dans laquelle, du reste, il ne se soucie nullement de descendre.

Et pourtant, que de difficultés, que d'événements inconnus dans l'exécution des travaux de la surface, ont parfois entravé le fonçage de ce puits ! A quels artifices, à quelles conceptions ingénieuses n'a-t-il pas fallu recourir pour surmonter des obstacles qui semblaient infranchissables !

Ce sont des sables mouvants que l'on a dû traverser et contenir ; c'est un torrent d'eau qui, tout à coup, surgit sous le pic des travailleurs et qu'aucun moyen d'épuisement ne semble pouvoir vaincre ! et vingt autres accidents, quelquefois des catastrophes, qui paraissent vouloir s'opposer à la réussite de l'entreprise. Le mauvais génie qui s'appelle « guignon » poursuit de ses hostilités incessantes la marche des travaux.

Cependant, à force de persévérance, à force

de sacrifices d'argent et de temps, on est parvenu à établir le puits dans de bonnes conditions de solidité et de durée. Le voilà foncé jusqu'à la profondeur qu'il s'agissait d'atteindre, après avoir traversé plusieurs couches de houille dont quelques-unes ont une épaisseur suffisante pour être utilement exploitées.

Des machines puissantes sont installées près de l'orifice du puits. C'est d'abord une machine d'épuisement ou d'*exhaure;* elle va mettre en mouvement des pompes qui refouleront jusqu'à la surface les eaux qui, sans elle, envahiraient les chantiers et en chasseraient les travailleurs. C'est aussi une machine d'extraction qui, de son côté, élèvera jusqu'au sol la houille abattue par les mineurs ; elle descendra ces mineurs à l'heure du travail, et les remontera à l'heure du repos.

Pour épargner aux mineurs la fatigue de franchir, au moyen d'échelles, des hauteurs souvent considérables, naguère on les faisait descendre dans la mine et remonter par des *bennes,* dont la mission principale est l'extraction du charbon. Les bennes, au nombre de deux, étaient de très grands tonneaux dont le fond supérieur était enlevé, et qui étaient suspendus par des chaînes à deux câbles, dont l'un s'enroulait sur une *bobine* pour faire monter l'une des deux bennes, et dont l'autre se déroulait sur la deuxième bobine pour faire descendre l'autre benne. Ces deux bobines, on l'a compris, sont actionnées par la machine d'extraction.

Il arrivait souvent que, par suite d'un balancement inévitable, câbles et bennes s'éloignaient de la verticale, et fréquemment la benne ascendante se heurtait à la benne descendante ; de là des abordages, des chocs suivis d'accidents, lorsque ces bennes transportaient de la houille ; et de véritables catastrophes lorsqu'elles transportaient des ouvriers. On évitait une partie de ce danger en ralentissant beaucoup la marche de la machine, au moment où les deux bennes devaient se rencontrer dans le puits ; mais cette précaution diminuait considérablement le rendement de l'extraction.

On a remédié à ce grave inconvénient, d'abord en *guidant* les bennes, et plus récemment en remplaçant les bennes par des *cages* également guidées.

Pour cela, on a élevé, depuis le fond du puits jusqu'à son orifice, une charpente assez semblable à ces pylônes qui servent à élever les matériaux dans les maisons en construction.

Cet appareil se nomme *guidonnage* ; il est formé par quatre montants en bois reliés entre eux par des traverses et entretoises. La distance qui les sépare est calculée de façon que deux cages puissent y circuler, chacune dans son conduit spécial. Une cloison, qui divise l'appareil en deux parties égales, démarque le compartiment attribué à chacune des cages. Enfin chaque compartiment est muni de deux poutrelles en bois, bien verticales, qui descendent également depuis l'orifice jusqu'au fond du puits. Ce sont les *guides* qui maintiennent les cages dans une voie dont elles ne sauraient alors s'écarter.

Les cages sont des compartiments à claire-

Descente dans une benne.

voie, suspendus aux câbles, et dans lesquels on introduit les wagonnets chargés soit de houille à monter, soit de mineurs à monter ou à descendre. A chacune des cages sont adaptées deux *mains*, qui saisissent, sans les serrer, les deux guides dont nous venons de parler, et le long desquelles elles glissent sans pouvoir s'en écarter.

Un autre progrès donne une sécurité à peu près complète à ce mode de circulation dans les puits de mines. Je veux parler du *parachute* qui est appliqué aux cages depuis une trentaine d'années.

La benne ou la cage, guidée ou non guidée, était exposée à une chute effroyable, si le câble auquel elle était suspendue venait à se rompre. Tout ce qu'elle portait, hommes ou charbon, était précipité au fond du puits, c'était horrible.

Il est bien difficile, malgré une active surveillance, de prévoir l'époque où un câble va se rompre, et conséquemment de le remplacer en temps utile. On dut donc songer, sinon à éviter

Benne après rupture du câble.

cette rupture, du moins à en écarter les épouvantables conséquences.

L'imagination des inventeurs, mise en mouvement, ne tarda pas à enfanter plusieurs systèmes de parachutes ; lesquels, après quelques essais, se résument aujourd'hui dans l'emploi d'un ressort qui est tendu lorsque la cage est suspendue au câble ; mais qui se détend violemment lorsque le câble se rompt. Au même instant, en se détendant violemment, il enfonce, dans les guides en bois, deux griffes acérées qui le terminent à chacune de ses extrémités. Dès lors la cage ne saurait continuer à glisser, elle est clouée au guidonnage ; elle y reste suspendue au point précis où la rupture du câble a eu lieu, et le sauvetage de cette cage en détresse s'opère facilement.

Dans les mines bien organisées, il y a généralement plusieurs puits en dehors du puits principal, par lequel se font l'extraction du charbon et l'épuisement des eaux ; notamment un puits d'aérage percé en vue d'évacuer au dehors l'atmosphère viciée par la respiration des mineurs et par la flamme de leurs lampes. Il y a aussi un puits *de secours*, muni d'échelles, pour permettre aux mineurs de remonter de la mine ou d'y descendre, dans les occasions, rares heureusement, où la circulation par le maître-puits est momentanément interrompue par quelque accident ou par la nécessité d'y faire une réparation.

« L'accès des travaux de la mine nous est déjà un peu moins inconnu, et puisqu'il est fort peu dangereux et nullement fatigant d'y descendre: si vous voulez, dis-je à Ouradou, à qui je venais de donner impitoyablement toutes les explications qui précèdent ; si vous voulez, nous irons ensemble à la mine de L***, dont je connais l'ingénieur ; nous la visiterons en détail, et nous y apprendrons beaucoup de choses que j'ignore encore.

— Je vous remercie bien, monsieur, me répondit Ouradou, mais je ne peux pas m'absenter ; et puis, je ne vois pas à quoi cela pourrait m'être utile. Allez-y donc tout seul. Bon voyage et amusez-vous bien.

CHAPITRE V.

LA HOUILLE. — SON EXPLOITATION (*suite*)

L'ingénieur de la mine de L*** me donna, comme je m'y attendais, l'autorisation de visiter la mine, et il me conseilla de revêtir le costume spécial usité dans ces visites souterraines, et qu'il mit à ma disposition. Un pantalon et une veste de toile qui ne redoutent pas les souillures du charbon ; plus, un chapeau de cuir épais, à larges bords, destiné à garantir la tête ; tel est ce costume qui donne parfois une tournure très comique au visiteur qui n'a pas l'habitude de le porter.

Avant de m'approcher du puits, je voulus

donner un coup d'œil à la machine qui allait me descendre et me remonter.

C'est une belle machine horizontale, à deux cylindres, et qui marche silencieusement, avec la précision d'un mouvement d'horlogerie. Son arbre, prolongé, porte les deux *bobines* sur lesquelles les deux câbles sont enroulés en sens inverse, c'est-à-dire que lorsque l'un des câbles s'enroule (pour monter), l'autre se déroule (pour descendre).

Les câbles sont d'abord dirigés sur les deux mollettes placées au haut du *chevalement*, et, figurant ensuite une tangente à ces mollettes, ils descendent verticalement dans le puits.

Je remarque que ces câbles portent de distance en distance des signaux de différentes couleurs. Le mécanicien m'explique que chacun des signaux correspond à une profondeur déterminée du puits, et lui indique, en passant sous ses yeux, à quelle profondeur se trouvent les cages en mouvement.

Ce n'est pas le seul indice qui guide le mécanicien. Près de lui se trouve la reproduction en miniature du puits, dont la profondeur est réduite au centième. Les différents étages y sont représentés dans leur situation relative ; et deux cages minuscules, mises en mouvement par un tambour proportionnel (au centième), lui font voir également où se trouvent les cages véritables. Il y a encore une troisième précaution : un timbre, mis en branle par un engrenage spécial, l'avertit que les cages approchent, l'une, de l'orifice du puits, l'autre, de son niveau de destination, et qu'il est temps de ralentir graduellement la marche de la machine.

Le mécanicien qui nous donne toutes ces explications est un homme choisi avec soin parmi les plus intelligents, les plus calmes et surtout les plus sobres.

Le timbre vient de sonner ; il m'avertit que la cage dans laquelle nous allons descendre est sur le point d'arriver à l'orifice, et qu'il est temps de m'approcher du puits.

Diable de puits ! son aspect n'a rien de bien engageant. Cette ouverture noire, obscure, du fond de laquelle s'élève un bourdonnement confus, d'où s'échappe également une buée chaude et nauséabonde, et surtout ces histoires d'éboulements, de coups de grisou, d'inondations, qui me traversent la mémoire avec la rapidité de l'éclair ; tout cela me fait presque désirer que quelque contretemps soudain surgisse à propos pour renvoyer aux calendes grecques mon excursion souterraine ; mais aucun contretemps ne se manifeste, la cage est arrivée, on en extrait le wagonnet plein de houille, qui est remplacé par un wagonnet vide; et un des hommes noirs qui entourent le puits m'invite à m'y installer. Pas moyen de reculer : faisons contre mauvaise fortune bon cœur ; soyons calme et digne.

En m'accroupissant dans ce wagonnet où un mineur prend place à côté de moi, je comprends l'utilité du vêtement de toile qui a été substitué à mon costume de citadin.

Le fond, les parois sont couverts d'une couche de boue noire qui l'aurait mis dans le plus piteux état. Mais ce n'est pas le moment de penser à cela ; un nouveau signal du timbre m'avertit que nous allons descendre ; et en effet la machine pousse un soupir formidable, le câble se tend, soulève un peu notre cage, les *taquets* sur lesquels elle reposait sont écartés, et voilà que nous descendons.

Par un mouvement instinctif, je lève la tête pour voir encore le jour ; puis, après avoir regardé en haut, l'envie me prend de regarder en bas et je m'apprête à pencher la tête au-dessus du wagonnet, mais le mineur, mon compagnon, me pose la main sur l'épaule et s'écrie :

« Prenez donc garde, monsieur, vous allez vous faire tuer !

— Pourquoi ? fis-je machinalement.

— Comment ! pourquoi ? Vous ne savez donc pas qu'il y a un an un visiteur a eu la tête arrachée par une traverse, en se penchant comme vous vouliez le faire.

— Bon Dieu ! la tête arrachée ! et j'enfonçai aussitôt la mienne entre mes deux genoux. »

Nous descendions rapidement et silencieusement ; la cage glissait sans aucun bruit le long des guides, mais l'obscurité était complète.

Cependant de minute en minute une clarté, qui s'évanouissait comme un éclair, m'apprenait que nous passions devant un niveau éclairé par les lampes des mineurs. Cette clarté fugitive ne parvenait pas à changer le cours de mes idées mélancoliques ; tout cela n'était pas gai ; la tète arrachée !

« Monsieur, voilà que nous arrivons.... nous sommes arrivés, » me dit mon compagnon.

Effectivement, une très légère secousse nous avertit que la cage venait de se poser sur les taquets, et l'ouverture d'une galerie éclairée se présentait au niveau où nous étions arrêtés. Des hommes placés là, à la *recette*, comme on appelle ce poste, tirèrent à eux le wagonnet et m'en firent sortir.

Les mineurs qui voient arriver un visiteur l'ont bientôt dévisagé et classé. S'il n'est pas du métier, ils s'en aperçoivent tout de suite à ses premiers gestes, aux regards étonnés et indécis, pour ne pas dire inquiets, qu'il jette sur tout ce qui l'entoure ; et alors c'est avec un air de bienveillance un peu narquoise, qu'ils lui mettent sa lampe dans la main, lui enseignent la manière de la porter; et ils lui donnent en plus quelques petits avis paternels sur d'autres sujets. Mais tout se borne là. Dans une mine, la situation est toujours trop sérieuse pour que l'on songe à s'y livrer aux plaisanteries usitées dans les ateliers de la surface.

On y pense malgré soi à cette surface lorsque, pour la première fois, on se trouve à 400 mètres sous terre.

L'ingénieur, qui n'avait pas pu m'accompagner, avait eu l'obligeance de me recommander à un chef mineur, nommé Delmas, qui m'attendait pour me guider dans les travaux. Je le suivis docilement partout où il voulut bien me conduire, probablement sur les points où il avait à exercer plus spécialement sa surveillance ; je n'eus d'ailleurs qu'à me louer de son empressement à satisfaire à mes questions.

Dans la galerie où nous cheminions et qui était une « galerie de roulage », un chemin de fer était établi sur lequel circulaient les wagonnets de charbon, poussés ou tirés par de jeunes garçons. Lorsque ces wagonnets pleins arrivent à la « place d'accrochage », on les pousse dans la cage vide qui les attend, et la machine les enlève jusqu'à la surface ; ils vont alors se

Galerie d'accrochage.

déverser sur les haldes où des femmes, des enfants, de vieux mineurs invalides trient le charbon, le classent par catégories de grosseur et de qualité.

Le chef mineur me donna, chemin faisant, quelques explications sur le choix du mode d'exploitation à adopter dans une houillère, et sur les travaux préparatoires qui précèdent l'exploitation proprement dite.

Ces travaux sont qualifiés de *stériles,* attendu qu'ils ne fournissent pas directement le combustible : mais ils sont indispensables pour l'atteindre et l'exploiter fructueusement.

Ils consistent principalement en galeries *à travers bancs,* qui coupent les roches entre lesquelles la houille se trouve enclavée ; en galeries *d'allongement,* qui, la houille étant atteinte par les galeries à travers bancs, y pénètrent le plus souvent, et s'y *allongent* aussi longtemps que l'exige l'exploitation. Ces deux espèces de galeries tiennent souvent lieu de galeries de roulage, et aussi d'écoulement pour les eaux. Celles-ci entraveraient l'exploitation, si elles n'étaient pas dirigées par les galeries vers le puits que les puissantes machines d'épuisement ou d'*exhaure* assèchent continuellement.

Tout en me donnant ces explications sommaires, le chef mineur m'avait fait entrer, peut-être un peu malicieusement, dans une galerie qui coupait à angle droit la galerie de roulage où je marchais aisément, la tête droite, sans appréhension de me la cogner à un *toit* trop peu élevé. J'en avais même profité pour retirer mon lourd chapeau de cuir qui me fatiguait.

Galerie boisée.

Mais ici les conditions étaient bien différentes.

« Baissez-vous donc, monsieur ! » me cria Delmas en entendant l'imprécation que je ne pus étouffer. Je venais de heurter violemment du front le *chapeau* d'un cadre sous lequel il fallait passer.

La recommandation avait à la fois le défaut d'être tardive et celui d'être superflue ; c'est littéralement à quatre pattes que je suivais alors mon guide. A la clarté de nos lampes, je le voyais, lui, simplement courbé, cheminer avec aisance ; tandis que moi, avec ma douloureuse bosse au front, et redoutant outre mesure d'en attraper une seconde, m'aidant des genoux et des mains, j'avançais lentement, péniblement et probablement avec l'allure élégante d'un crapaud. De plus, c'était fatigant au possible : j'étais brisé.

« Ouff ! dis-je enfin à Delmas, reposons-nous un moment, je n'en puis plus.

— Soit, répondit mon guide, reposez-vous.... mais un peu plus loin... pas ici, où il y a des culs-de-chaudron.

— Des culs-de-chaudron ! Qu'entendez-vous par culs-de-chaudron, mon camarade ?

— Vous ne savez pas ce que c'est ? fit-il, étonné ; eh bien, monsieur, des culs-de-chaudron ce sont des parties du toit, sans adhérence, qui s'en détachent spontanément, et qui, en tombant, écrasent naturellement ce qu'il y a dessous. La semaine passée, à l'endroit où nous sommes, un gamin qui portait la soupe à son père a manqué d'être tué par la chute d'un cul-de-chaudron. Il en a été quitte pour un doigt de pied écrasé. Tenez !... regardez, on voit encore du sang ; voici des restes de la soupe, et....

— Avançons, avançons ! » m'écriai-je ; et, oubliant ma bosse au front et mon mal de reins, je fis travailler activement mes quatre pattes. — Le crapaud était devenu tout à coup aussi agile qu'une grenouille.

« Dans un instant nous serons d'ailleurs arrivés au chantier où je voulais vous conduire, » me dit le chef mineur.

En effet, en prêtant l'oreille, on entendait les coups de pic des mineurs qui travaillaient à une faible distance ; et bientôt nous arrivâmes à un endroit où s'ouvrait une excavation plus basse encore que la galerie qui nous y avait conduits.

« Vous voyez, fit mon guide, on est forcé de travailler ici *à col tordu.* »

Cet autre mot, nouveau pour moi, n'avait pas besoin de m'être expliqué par le chef mineur. Il s'expliquait de lui-même.

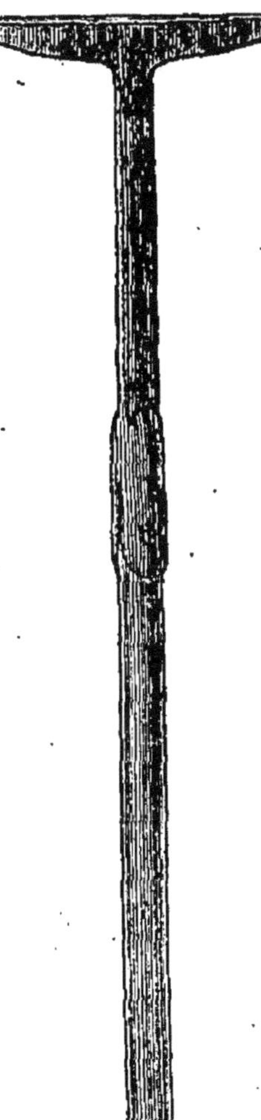

Rivelaine.

Avec une espèce particulière de pic à deux pointes et à long manche, que l'on nomme *rivelaine* en Belgique et dans le nord de la France, le mineur, couché de son long, plutôt sur le côté que sur le dos, pratique, à la base des couches de houille de faible épaisseur, une entaille horizontale, large et profonde, qu'il appelle un *havage*. A mesure que l'entaille s'approfondit, le mineur se glisse dedans ; et, toujours couché, il l'approfondit davantage. Dans cette bien gênante position, il a positivement le col tordu.

La couche de houille sous laquelle il se trouve n'a qu'une solidité problématique ; elle peut se détacher du toit par défaut d'adhérence (le cul-de-chaudron!), et alors le malheureux mineur est écrasé, aplati, il ne reste de lui que des débris informes. Pour conjurer ce péril, ou plutôt pour le signaler en temps utile, le mineur a étayé la masse menaçante par quelques morceaux de bois qui me paraissaient

Travail à col tordu.

bien faibles, et j'en fis l'observation à Delmas.

« Oh ! monsieur, le bois *debout* est bien solide, allez. Et puis, ajouta-t-il, ces morceaux de bois qui vous paraissent si faibles sont également là pour avertir le mineur. Aussitôt que la masse commence à bouger, elle appuie plus fortement sur les morceaux de bois ; ceux-ci se mettent aussitôt à *chanter;* et le mineur a presque toujours le temps de déguerpir. »

Presque toujours ! Ce diable d'homme a des expressions qui donnent le frisson.

« Si vous avez assez vu comment on *have,* me dit-il, et si vous êtes suffisamment reposé, nous allons visiter un abatage en *grande taille.* Là, du moins, vous pourrez vous tenir debout.

— Merci bien ! lui répondis-je, je n'en ai pas le temps..... je suis attendu.

— Alors, monsieur, c'est différent. »

Et je crois apercevoir un petit sourire narquois traverser la bonne figure de mon guide. Je me sentis légèrement froissé dans mon amour-propre, et, pour me réhabiliter un peu dans l'opinion du chef mineur, j'ajoutai :

« Pourtant, si vous avez encore quelque chose d'intéressant à me montrer, pas dans les chantiers, j'ai trop mal aux reins, je le verrai avec plaisir ; car il est probable que je ne reviendrai pas ici de sitôt.

— Nous pouvons voir les écuries, en retournant au puits, si vous le désirez.

— Des écuries ! »

Le chef mineur m'aurait proposé de me conduire à un café-concert, qu'il ne m'aurait pas étonné davantage.

« Certainement, monsieur, des écuries. Au fait ! vous n'avez pas vu les chantiers où les wagonnets sont tirés par des chevaux. »

Des chevaux dans la mine ! ceci acheva de m'humilier. Je consentais bien à être moins aguerri que tous ces hommes, mes semblables, qui travaillent et circulent, impassibles, au milieu de tous ces dangers, de toutes ces difficultés. Mais des chevaux ! animaux souvent très peureux, qu'un rien met en émoi, qui s'épouvantent à tout propos ; ces chevaux vivent et travaillent tranquillement dans des endroits où tant de choses m'émeuvent et m'inquiètent ; c'est vraiment un peu fort !

« Allons donc voir les écuries, » répondis-je à mon guide.

L'écurie, où nous arrivâmes bientôt, était située dans un endroit préparé à cet effet, et choisi parmi ceux où il n'y avait que peu d'humidité. Une vaste excavation avait été pratiquée dans des schistes très durs et très résistants. Cette écurie, qui pouvait loger six chevaux, ressemblait du reste à toutes les autres ; elle n'avait de bizarre, mais de réellement bizarre, que sa situation souterraine.

Les chevaux qui s'y trouvaient étaient gras, bien portants, comme le sont des chevaux bien nourris et dont on a soin.

Deux belles bottes de paille, que je voyais dans un coin, m'invitaient à prendre quelques instants de repos. Je ne me fis pas prier et j'engageai mon guide, que je voulais interroger encore, à s'asseoir commodément de son côté.

CHAPITRE VI

LA HOUILLE. — LES MINEURS

« Delmas, dis-je au chef mineur quand nous fûmes commodément assis, vous êtes-vous jamais trouvé dans une de ces catastrophes épouvantables dont parlent souvent les journaux ?

— Je m'y suis trouvé, mais pas au plus fort de l'affaire, puisque j'en suis sorti vivant et bien portant, comme vous voyez. Je veux dire que j'ai travaillé à des sauvetages, par exemple à celui des hommes qui ont été enterrés sous l'éboulement de 1873.

— Contez-moi donc cela, Delmas !... vous les avez sauvés ?...

— Nous en avons sauvé deux sur dix qu'ils

étaient. Ils sont restés quatre jours sans boire ni manger, emprisonnés au milieu des étais de la galerie écroulée où la chose est arrivée. L'un d'eux, que vous pourrez voir là-haut, en sortant, est resté, pendant tout ce temps-là, serré sous un bloc énorme qui lui avait broyé la jambe droite. — C'est moi qui l'ai arraché de là-dessous, lorsque nous sommes enfin parvenus à atteindre l'endroit où ils se trouvaient. J'entends encore le cri que le pauvre Jean, c'est son nom, a poussé lorsque je l'ai saisi sous les bras ; il paraît que je tirais trop fort... Son camarade d'infortune, un vieux, n'avait pas une égratignure, mais il paraissait fou ; il riait et disait un tas de bêtises.... ça nous crevait le cœur. Bref, le mien, on lui a amputé la cuisse ; et aujourd'hui il est employé, là-haut, au triage du charbon. Tous les autres, ils étaient dix en tout, ont été écrasés. Quand nous sommes arrivés à l'endroit en question, nous étions suffoqués par une odeur épouvantable. Pensez donc, monsieur, huit cadavres en bouillie et en pleine décomposition : c'était horrible et à faire reculer les plus braves... mais on ne recule pas dans ces occasions-là. C'est égal, dussé-je vivre cent ans, je n'oublierai jamais l'enlèvement de ces débris, que l'ingénieur avait pourtant fait inonder de phënol. Il y a neuf ans que ça s'est passé ; eh bien, il ne faut pas que j'y pense avant ou après mes repas.

— Comment ce malheur est-il donc arrivé ? demandai-je au chef mineur.

— Voici, monsieur, ce que Jean nous a raconté :

L'ingénieur, en faisant sa tournée, avait remarqué un affaissement dans les chapeaux des cadres de cette galerie, à un endroit où les schistes sont à moitié décomposés ; et il avait vu que les montants des cadres s'enfonçaient graduellement dans cette roche insuffisamment résistante. Il avait donc commandé d'enlever, un à un, les montants des cadres, en étayant à mesure, bien entendu, de les raccourcir et de les replacer sur une semelle.

— Une semelle ?

— Oui, une semelle ; c'est une pièce de bois, posée à plat sur les sols insuffisamment résistants des galeries, et qui s'interpose entre le pied du montant et ce mauvais sol ; dès lors, le montant ne peut plus s'y enfoncer.

Donc le chef boiseur était descendu, avec son équipe de neuf hommes, pour exécuter ce travail. Notez que c'était un samedi, dans l'après-midi, et qu'il fallait se dépêcher, si on voulait être libre le lendemain, dimanche.

Pour aller plus vite, le chef boiseur eut la malheureuse idée de scier, sur place, les montants des cadres, à hauteur convenable pour y glisser la semelle. Celle-ci avait quatre mètres de long ; c'était donc cinq cadres consécutifs qu'il fallait écourter du pied, et tous ensemble. Pour comble d'imprudence, et pour ne pas être gêné, on n'avait étayé que le chapeau du cadre du milieu, le troisième.

Cependant rien ne bougeait ; on sifflait, on chantait en travaillant, lorsque tout à coup, sans aucun avertissement, tout le toit, sur une épaisseur de trois mètres, s'écroula sur les mal-

L'éboulement.

heureux. Comme je vous l'ai dit, huit furent écrasés et moururent sur le coup ; parmi eux le chef boiseur, auteur de la catastrophe ; les deux autres, Jean et le vieux, furent épargnés, mais étroitement serrés dans un espace où il leur était impossible de se mouvoir.

Jean avait d'ailleurs la jambe prise, comme vous savez. Il paraît que c'est la soif surtout qui les faisait horriblement souffrir. Pour calmer la faim, Jean mâchait et avalait des éclisses de bois ; ou encore il mâchait quelques petites lanières qu'il découpait, avec son couteau, dans sa ceinture de cuir. Mais le pauvre vieux, qui n'avait plus que quelques mauvaises dents hors de service, n'avait pas cette ressource ; il dormait ou battait la campagne : sa tête déménageait. Et puis, il y avait cette horrible odeur des cadavres en putréfaction.

— Et comment les a-t-on sauvés, Jean et le vieux ?

— Quand l'écroulement s'est produit avec un fracas épouvantable, tout le monde, après un moment de stupeur, est accouru. Ce moment de stupeur nous a sauvé la vie, à plusieurs, c'est-à-dire aux premiers qui allaient se précipiter au secours des camarades.

L'ébranlement résultant de l'écroulement de la partie avancée de la galerie avait déterminé la rupture de plusieurs autres cadres déjà bien malades ; et une seconde, à peine une seconde avant que nous arrivassions, un second écroulement, plus étendu que le premier, intercepta l'accès de la galerie.

Dans des occasions semblables, on peut apprécier l'esprit de solidarité qui anime les mineurs, le dévouement, souvent irréfléchi, qui les entraîne lorsqu'il s'agit de porter secours à des camarades en péril. Les premiers moments ne sont pas exempts de confusion et d'un peu de tumulte : tout le monde parle à la fois ; mais bientôt un calme relatif se fait dans les esprits; dans les cœurs il n'y a qu'un sentiment : la résolution de les sauver, ces pauvres camarades.

Sous les ordres de nos chefs, l'œuvre de sauvetage s'organisa : ce n'était pas facile ! Deux mineurs, quelquefois trois, pouvaient seuls, faute de place, enlever un à un les blocs écroulés, et étayer au fur et à mesure ; mais il fallait les voir travailler! des lions !

Toutes les deux heures ils étaient relayés par des mineurs frais et dispos, qui étaient, à leur tour, remplacés après deux heures de ce travail surmené et périlleux.

Le matin du quatrième jour, on entendit, mais à peine, les plaintes déchirantes et affaiblies de Jean. Chose singulière, on croyait également entendre chanter ; ce n'était pas une illusion ; c'était le vieux qui fredonnait une ancienne chanson de mineur.

Enfin, le quatrième jour, à midi, un dernier quartier de roche est enlevé. Un trou étroit se présente ; je me demande encore comment j'ai pu passer par ce trou ; mais les plaintes de Jean me donnaient la fièvre, et en ôtant ma veste et mon gilet, j'ai fini par passer. C'est alors qu'après lui avoir fait avaler une gorgée du genièvre dont j'étais muni, je lui fis pousser ce cri, en voulant le tirer de dessous le bloc qui lui avait écrasé la jambe.

— Et puis ?

— Et puis, c'est tout, monsieur. On les a portés à l'infirmerie, où on les a soignés et guéris. Les autres, je veux dire les morceaux des autres, on les a enterrés.

— Et des coups de grisou ? Vous est-il arrivé, Delmas, d'assister à un coup de grisou ?

— Jamais, monsieur, et si j'y avais assisté, je ne serais pas ici à vous le raconter ; car on revient rarement d'un coup de grisou.

— Tant mieux ! car vos histoires sont terrifiantes ; surtout lorsqu'on les écoute dans l'endroit où nous nous trouvons.

— Pardon, monsieur, nous avons aussi, de temps en temps, des histoires qui finissent drôlement, comme, par exemple, celle de l'éboulement auquel j'ai assisté, en Espagne, dans les Asturies.

— Voyons, contez-la-moi ; ça me remettra.

— Avec plaisir. Figurez-vous, monsieur, que dans une houillère des Asturies, où, avant de venir ici, j'étais employé en qualité de *capataz*, ce qui veut dire chef mineur, on avait abandonné, depuis quelque temps, une galerie qui servait à la fois de galerie d'écoulement et de galerie de roulage. Elle débouchait, à ciel ouvert, au fond d'une petite vallée dont le ruisseau avait desservi un atelier de lavage de houille. Ce dernier travail avait été déplacé, et il n'en restait d'autre trace qu'une mare vaseuse, assez étendue mais peu profonde. De tout l'atelier, on n'avait conservé qu'une petite baraque en bois, dans laquelle une bonne femme, nommée *Pepona*, avait été autorisée à installer son domicile et sa petite industrie qui se réduisait à préparer la soupe pour les ouvriers. Cette baraque était située précisément en face et à une vingtaine de mètres de la bouche de la galerie.

Celle-ci aboutissait, par son autre extrémité, à un immense vide, de plusieurs milliers de mètres cubes, résultant de l'exploitation d'un renflement considérable des couches de houille, et qu'en raison de la solidité du toit, il avait été possible d'exploiter en presque totalité.

Cependant, depuis quelques jours, le toit, si solide jusqu'alors, donnait des signes visibles d'une prochaine dislocation ; et en effet, un beau matin, un peu avant l'heure du premier repas, des craquements caractéristiques se font entendre : chacun prend l'éveil et sort des travaux : il était temps. Quelques instants plus tard, le toit de l'ancien chantier s'effondrait avec un fracas épouvantable, entraînant à sa suite les roches supérieures : tout fut comblé.

Les milliers de mètres cubes d'air qui remplissaient l'ancien vide, comprimés, refoulés par ce gigantesque coup de piston, n'avaient d'autre issue que l'étroite galerie ; celle-ci fit donc l'office d'une sarbacane, mais une sarbacane d'une force inouïe. Une véritable trombe culbuta, dispersa tout ce qui était sur son passage, et notamment la baraque, la marmite des ouvriers et le chétif mobilier de la pauvre Pepona.

Pepona, Dieu merci, n'était pas chez elle : au moment de l'événement, elle lavait tranquillement la vaisselle des ouvriers, accroupie au bord de la mare, et tournant sans défiance le dos à l'entrée de la galerie.

La trombe (les trombes n'ont vraiment pas de vergogne), rencontrant, sous les vêtements de la bonne femme, une résistance et une prise suffisantes, souleva doña Pepona et, la laissant retomber la tête en bas, l'incrusta jusqu'à la ceinture dans la vase.

Aveuglés par la poussière, pétrifiés par la commotion, ouvriers et contremaîtres remerciaient mentalement le ciel d'avoir pu échapper à une épouvantable catastrophe; mais bientôt, le nuage de poussière s'étant un peu dissipé, tous les regards se fixèrent sur la mare, car il s'y passait quelque chose d'insolite, d'inexplicable.

A la surface du bourbier, des jupons étalés représentaient assez bien la vasque d'une fontaine, mais la nymphe en surgissait tout au rebours des idées reçues : on n'y comprenait rien. Cependant les deux jambes de la nymphe s'agitent, se démènent ; elles expriment clairement, par une gesticulation télégraphique des plus extravagantes, des sentiments d'extrême impatience.

Après une demi-minute (un siècle !) de commentaires et de réflexions, on reconnut, honni soit qui mal y pense ! la grosse Pepona ; et tout le monde de rire. Le premier mouvement n'est pas invariablement le meilleur.

Cependant la mimique des jambes devenait de plus en plus expressive, pressante ; trois ou quatre ouvriers, revenant à des sentiments plus charitables, s'élancèrent ; et après quelques efforts aussi respectueux que la situation le permettait, ils parvinrent à replanter la bonne femme sur ses pieds, saine et sauve, mais à moitié suffoquée et fort ahurie, comme vous devez bien le penser.

— A la bonne heure ! voilà une histoire que je préfère beaucoup à la précédente ; et je vous en remercie, Delmas ! J'avais besoin de changer un peu le cours de mes pensées. Je n'en déplore pas moins le sort des hommes qui travaillent dans des conditions semblables.

Pauvres mineurs ! quelle triste existence est la leur ! et par combien de pensées plus tristes encore ils doivent être incessamment assaillis ?

— Vous vous trompez, monsieur, vous vous trompez grandement, répondit le chef mineur, les mineurs ne sont rien moins que tristes; parmi les travailleurs, c'est peut-être la classe chez laquelle on rencontre le plus de gaieté, d'entrain, lorsque sonne l'heure de se divertir. Et d'abord, un mineur, comme le marin, aime son métier ; c'est en effet un métier qui ne saurait s'exercer machinalement, un métier dans lequel le danger incessant finit par ne laisser dans l'esprit qu'une sensation émoussée par l'habitude; elle est dès lors très supportable ; elle devient même un stimulant salutaire qui tient en éveil toutes les facultés du mineur. Un mineur ne s'ennuie jamais.

Si vous pouviez voir nos mineurs, un dimanche ou un jour de fête, bien lavés, bien débarbouillés, attablés autour de quelques pots de bière, et accompagnés souvent par leurs femmes qui font chorus lorsqu'ils entonnent quelqu'une de leurs chansons, vous conviendriez que ces existences, si elles sont de loin en loin attristées par quelque catastrophe qui aura fait parmi eux des victimes, n'en sont pas moins très acceptables.

— Ils ont leurs chansons ? dites-vous. Ayez donc l'obligeance de m'en chanter une.

— Je ferai mieux, monsieur, car je ne sais pas chanter ; mais pour peu que cela vous plaise, je vous conduirai, là-haut, dans une de nos auberges. C'est aujourd'hui jour de paye, vous ne pouviez pas mieux tomber ; vous entendrez des chansons, autant et plus que vous désirez.

Et maintenant, monsieur, comme je suppose que vous avez vu tout ce que vous vouliez voir, dit le chef mineur en souriant, retournons au puits ; c'est l'heure où mon collègue prend le poste et me remplace ; nous remonterons ensemble là-haut, et je continuerai à vous piloter, si cela peut vous être agréable.

CHAPITRE VII

LA HOUILLE. — LES MINEURS (*suite*)

Quelle sensation délicieuse ! aucun mot ne saurait l'exprimer ; le cœur et l'esprit prennent un bain de bonheur lorsque, après s'être enfoncé à quatre cents mètres sous terre, où l'on vient de passer trois heures *noires*, dans une atmosphère chaude, humide et infecte, au milieu d'émotions qui n'ont rien d'agréable ; quelle sensation délicieuse lorsque, revenant sain et sauf à la surface, on revoit ce beau ciel, ce bon soleil, ces arbres verts ; que ce vert est charmant ! Comme on trouve tout cela ravissant ! et par une longue aspiration d'air pur, on nettoie ses poumons qui semblent souillés par les émanations de la mine !

« Ouff ! me dis-je après avoir analysé ces sensations et les avoir savourées ; ouff ! je crois bien que l'on ne m'y reprendra plus.

— Si vous le désirez, monsieur, me dit Delmas en m'arrachant à ces réflexions, pendant que vous vous habillerez j'irai dîner, et ensuite je serai à votre service pour toute la soirée.

— Vous allez dîner ? Est-il indiscret de vous demander où vous allez dîner ?

— Mais non, monsieur, ce n'est pas indiscret ; je vais tout bonnement dîner à la cantine, car je ne suis pas marié. Pourquoi cette question, s'il vous plaît ?

— C'est que j'ai bien envie de dîner avec vous, Delmas ; ou plus exactement que vous dîniez avec moi.... à la cantine, bien entendu, si c'est possible.

— Quelle drôle d'idée ! répondit Delmas en riant ; vous n'allez pas faire un fameux dîner à la cantine, monsieur. Je vous ai dit que c'est jour de paye ; vous ne mangerez peut-être pas bien tranquillement.

— Tant mieux ! Delmas, c'est précisément ce que je désire.

— Quelle drôle d'idée ! répéta le chef mineur. Enfin ! dit-il en terminant, vous êtes averti...... à tantôt donc, monsieur ! »

Le puits est entouré de mineurs qui en sont sortis ; d'autres en sortent encore. Ils sont noirs comme des diables, et il est assez difficile de discerner, sous la couche de charbon et de sueur qui couvre leur visage, si ce visage exprime de l'indifférence, du souci ou de la satisfaction.

En voici un, pourtant, qui sort de la cage et qui s'avance, empressé, vers un petit groupe que je n'avais pas remarqué. C'est une jeune femme portant un bébé dans ses bras ; deux enfants, moins jeunes, s'accrochent à ses jupes.

On s'impatientait un peu, chez Pierre, et pourtant l'heure habituelle de son retour n'est pas encore sonnée ; le retour problématique du mineur éveille toujours une anxiété involontaire. Le dîner fume, bien au chaud, devant l'âtre ; une petite bouilloire fredonne sournoisement près du feu ; car la ménagère est parvenue ce jour-là, par un tour de force d'économie, à ajouter une tasse de café (que mon pauvre Pierre aime tant !) à l'ordinaire de l'humble ménage. Mais, n'en dites rien, c'est une surprise !

Le voilà ! on se précipite vers le puits ; la ménagère, avec son bébé en première ligne, pour eux les premiers baisers. Viennent ensuite les deux autres bambins ; ce sont des clameurs étourdissantes jusqu'à ce que tout ce petit monde soit bien et dûment embrassé !

« Mon Dieu, Pierre, comme tu me les arranges ! » dit la ménagère d'un air qu'elle voudrait rendre grondeur. Chaque baiser du mineur a laissé effectivement un rond noir estompé sur les joues des enfants ; et pourtant Pierre est bien certain d'avoir au préalable essuyé ses lèvres sur la manche de sa veste.

J'accompagne des yeux cette petite famille qui s'éloigne et se dirige vers sa demeure. Comme tout ce petit monde-là va bien dormir !

Le bonheur habite donc aussi bien dans ce vilain trou noir que dans le plus élégant hôtel de Paris. Il y est probablement plus complet, plus sincère.

Une heure plus tard, Delmas vint me retrouver au bureau de l'ingénieur dont je prenais congé en le remerciant, et qui ne me détourna pas de mon idée d'aller dîner à la cantine ; il comprenait mon désir de satisfaire ma curiosité jusqu'au bout.

La cantine était installée à quelques pas des magasins et des autres constructions affectées à l'administration. Elle se composait d'une très vaste salle dans laquelle un comptoir de détail occupait un des deux angles de l'entrée. Tout le reste de l'espace était envahi par de longues tables, avec leurs bancs correspondants ; on ne pouvait circuler qu'avec une certaine difficulté entre ces tables. Au fond, une petite cloison, coupée à une hauteur de deux mètres, derrière laquelle se trouvaient également des tables et des bancs, établissait une démarcation hiérarchique entre la grande salle, celle des mineurs, des soldats, et la petite salle, celle des chefs mineurs et contremaîtres, les sous-officiers. Cette petite cloison ne suffisait peut-être pas pour éviter toute promiscuité entre les deux catégories ; car, si les yeux ne pouvaient franchir cet obstacle, les oreilles, en revanche, percevaient aisément toutes les paroles, quelquefois peu parlementaires, qui s'échangeaient d'une table à l'autre, circonstance que je désirais précisément.

Lorsque nous entrâmes, les mineurs achevaient de régler leurs dettes de la quinzaine avec le cantinier et la cantinière placés derrière leur comptoir, et qui biffaient sur leur livre les comptes qui venaient d'être soldés, opération sérieuse, qui donne lieu quelquefois à de bruyantes réclamations. Ce jour-là, les comptes se réglaient à peu près silencieusement. Tout le monde paraissait de bonne humeur.

Les règlements, qui absorbaient tout le temps et toute l'attention de la cantinière, entraînèrent quelque retard dans le service de notre dîner ; mais rien ne me pressait, bien qu'un assez vif appétit, aiguisé par l'exercice inaccoutumé auquel je venais de me livrer, commençât à faire entendre une voix impatiente. Aussi, lorsqu'il nous fut servi, ce dîner me parut-il extrêmement bon ; et il était bon, en effet ; d'autant meilleur qu'il n'était certes pas coûteux.

De l'autre côté de la cloison, au bruit des fourchettes et des couteaux avait succédé celui des verres ; et les interpellations s'échangeaient et se multipliaient entre les différentes tables. Bientôt ce fut un tapage général, au milieu duquel l'oreille suivait difficilement le fil des paroles, lancées à pleine voix, qui s'entre-croisaient et s'emmêlaient dans l'atmosphère épaisse de la cantine. Et pourtant il n'était pas question de politique.

Le bruit étourdissant des voix était, à chaque instant, augmenté par celui des bouteilles et des canettes que l'on frappait impatiemment sur les tables.

« Une bouteille !... une canette !... allons, vivement ! hurlait-on à droite et à gauche.

— Voilà, voilà !... on y va ! » répondait la cantinière en faisant sa voix aussi aiguë que possible, afin de faire arriver sa réponse à l'impatient consommateur.

Jusque-là ce n'était pas particulièrement intéressant ; et je ne voyais pas grande différence entre le tapage d'une cantine de mineurs et celui de toute autre cantine.

« Ah ! ah ! vous allez être satisfait, monsieur, on va chanter ! me dit Delmas, en entendant quelques vagues tentatives de chansons qui partaient du fond de la salle. C'est Jean Favel qui va chanter... vous allez l'entendre... un gaillard ! »

Il paraît que Jean Favel, ce gaillard, possédait les bonnes grâces de l'assemblée, car le tapage se calma peu à peu, et le chanteur se trouva enfin devant un auditoire à peu près attentif, et qui acheva de se taire lorsque Jean Favel entonna une chanson picarde que je ne transcris pas, attendu que c'est impossible. En effet, quel gaillard !

J'avoue que j'étais passablement désillusionné, et cela se voyait sans doute sur ma figure, car le chef mineur s'en aperçut, et appelant le jeune garçon qui nous servait :

« Va donc, lui dit-il, prier Favel de nous chanter la chanson du *Porion*.

— Laquelle ? monsieur Delmas.

— Celle du Violon, pardi !... tu lui diras que c'est un Parisien, Monsieur est Parisien, je suppose ? tu lui diras que c'est un Parisien qui veut l'entendre. »

La commission fut faite immédiatement. Favel ne se fit pas prier ; il entonna, en faisant appel à tous ses moyens, quel larynx ! une chanson-complainte qui n'est certainement pas un chef-d'œuvre de versification ; mais il y était du moins question de mine et de mineurs, tandis que dans ses chansons picardes, on s'occupait de tout autre chose. En voici les deux premiers couplets :

Pauvre mineur, toujours dessous la terre,
Quand il fait jour, toi tu es dans la nuit.
Toi, tu travaill' avec de la lumière,
C'est pour euss seuls que le soleil il luit.
Notre soleil à nous c'est notre lampe,
Et pendant qu'euss dansent sur le gazon,
Plié en deux, toi t'attrapes des crampes.
Et on te fait payer le violon (*ter*).

Quand le soldat doit partir pour la guerre,
Il a du moins conservé un espoir,
C'est qu'en quittant et son père et sa mère
Il peut devenir général par hasard.
Mais le mineur il n'a pas d'autre chance
Que d'êt' grillé un jour comme un cochon :
Un coup de grisou, et voilà qu'il la danse !
Et on te fait payer le violon (*ter*).

« Euss » désigne évidemment le conseil d'administration, les actionnaires, et surtout l'employé chargé des comptes de paye. L'ingénieur, les chefs mineurs, tous ceux, en un mot, qui descendent avec eux dans la mine, sont du métier ; et les mineurs ne les confondent pas avec ceux qui dansent sur le gazon.

Les sentiments qui poussent quelquefois le mineur à se mettre en grève se font jour dans cette chanson et lui donnent une signification ; je ne lui trouve pas d'autre mérite.

N'ayant plus rien à faire à la mine de L***, je pris congé de Delmas en le remerciant une fois de plus de son obligeance à mon égard.

CHAPITRE VIII

LA LAMPE DE DAVY

Pendant le trajet de L*** à Paris, l'imagination pleine de ce que je venais de voir, je songeais aux périls de toutes sortes qui menacent les mineurs, et surtout à leur adversaire le plus dangereux, le grisou, avec lequel Delmas n'avait jamais eu à lutter.

Le grisou est de même nature que le gaz dont nous nous servons pour nous éclairer, nous chauffer, et auquel nous demandons même parfois la force motrice de certaines petites industries ; en un mot, c'est de l'hydrogène carboné.

Or tout mélange d'hydrogène carboné ou non et d'air en proportion convenable, mis en présence d'un corps en ignition, s'enflamme en produisant une détonation d'une violence proportionnelle au volume de ce mélange.

Le gaz que nous avons en quelque sorte domestiqué pour notre usage s'échappe parfois de ses conduits et, bien qu'en quantité relativement faible, bouleverse nos rues, renverse nos maisons, brûle et écrase leurs habitants. Les effets du grisou indompté sont autrement terribles dans une houillère.

Fort heureusement, beaucoup de mines de houille, comme celle de L***, sont exemptes de grisou, qui, provenant d'une distillation spontanée de la houille, se dégage en abondance des variétés dites *grasses*, tandis que les *maigres* et l'anthracite n'en fournissent pas.

Avant l'invention de la lampe dont nous allons parler, les détonations du grisou et leurs conséquences terribles étaient donc encore plus fréquentes et désastreuses, lorsque les mineurs se servaient d'une simple chandelle pour s'éclairer. En effet, chaque fois que le grisou se produisait dans une mine, avant que son odeur particulière pût signaler sa présence, la chandelle du mineur l'enflammait, et l'infortuné périssait, foudroyé, consumé.

La fréquence de ces catastrophes avait ému l'opinion publique en Angleterre, et l'on songeait déjà à interdire l'exploitation des houillères à grisou, lorsque, comme cela arrive providentiellement toujours, un homme de génie trouva remède à ce grand mal.

Je saisis toujours avec empressement les occasions de mettre en pleine lumière la mémoire de l'un de nos bienfaiteurs, et ma satisfaction prend les proportions d'un véritable plaisir, lorsque cet homme est parti de très bas, lorsqu'il est le fils de ses œuvres. C'est le cas de Humphry Davy.

Davy est né dans le duché de Cornouailles; ses parents étaient trop pauvres pour subvenir aux frais de son instruction; mais il était doué d'une bonne dose d'énergie et d'un ardent désir de s'instruire. Sans professeurs, presque sans ressources, il acquit tout seul une première instruction très élémentaire, mais suffisante

Explosion de grisou.

pour permettre à ses parents de le faire entrer, en qualité d'apprenti, chez un apothicaire de la localité.

Rincer des fioles, rouler des pilules, ce n'était pas ce qui pouvait satisfaire la passion de Davy pour l'étude des sciences ; aussi désertait-il fréquemment la boutique de l'apothicaire pour aller flâner dans la campagne, et s'y livrer aux charmes de sa seconde passion : la pêche à la ligne.

La pêche à la ligne a cela de bon, c'est qu'elle n'exclut pas la méditation ; au contraire, elle y pousse celui dont l'unique occupation est de regarder machinalement un bouchon qui tarde toujours trop longtemps à donner signe de vie. Les meilleures, les plus profondes idées de Davy lui sont peut-être venues dans ces longs moments d'immobilité physique.

Vers la même époque, sa mère lui procura l'occasion de connaître le fils du célèbre Watt, qui s'occupait de chimie et qui engagea Davy à étudier les ouvrages de Lavoisier. Cette étude fut une révélation pour le jeune homme ;

la voie qu'il devait suivre, sa véritable vocation lui apparurent, dégagées de toutes incertitudes : il était né chimiste.

Ses ressources pécuniaires étaient toujours les mêmes : nulles ; à défaut d'argent pour se créer un laboratoire, il fit appel à son esprit inventif. Avec une seringue, il parvint à se fabriquer une machine pneumatique ; des tessons de pots et des pipes cassées, ingénieusement ajustés, furent ses premières cornues ; et c'est avec des moyens semblables, avec des instruments aussi imparfaits, qu'il parvint non seulement à compléter ses études, mais encore à faire ses premières découvertes.

Son mérite et sa persévérance devaient le tirer bientôt de son obscurité. Un très bon professeur de physique le prit à titre de préparateur, à la grande satisfaction de l'apothicaire, qui désirait vivement trouver l'occasion de se débarrasser d'un aussi pitoyable apprenti.

Davy était lancé ; il ne tarda pas à devenir professeur à son tour ; et enfin, lorsque la célébrité du chimiste lui en fit une loi, le souverain le créa baronnet, ce qui n'est pas une mince faveur en Angleterre.

Revenons à notre sujet : au grisou et à ce que Davy imagina pour conjurer son danger.

Lampe de Davy.

Davy avait observé qu'une toile métallique, à mailles très serrées, placée en travers de la flamme d'une bougie, arrêtait net la course de cette flamme qui se bornait alors à lécher la face inférieure de la toile métallique, sans pouvoir la traverser.

Cette singularité s'explique par la grande conductibilité du métal pour la chaleur ; la plus grande partie de la chaleur de la flamme était absorbée par le métal de la toile, et ce qui traversait n'avait plus assez de chaleur pour enflammer des gaz de la nature du grisou.

Ce fut la déduction que Davy tira de son observation, et il eut bientôt organisé une lampe qui, effectivement, n'enflammait pas le grisou, c'était le principal, mais elle avait le très grave inconvénient de n'éclairer que d'une façon tout à fait insuffisante ; la toile métallique interceptait la plus grande partie de la lumière.

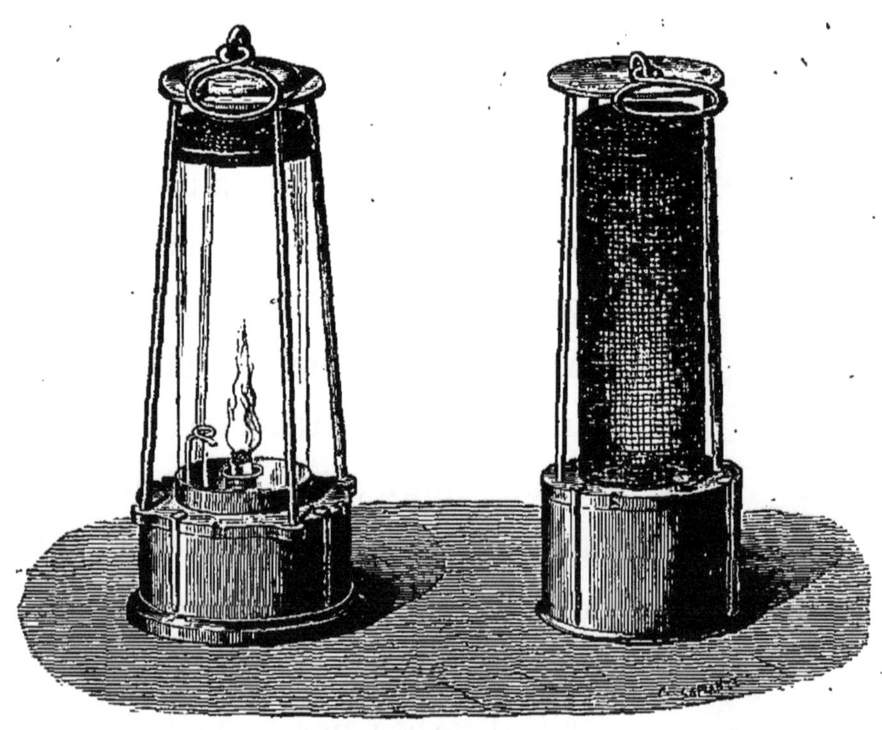

Lampes de sûreté.

Davy, et à sa suite quelques autres, perfectionnèrent aisément sa lampe sous le rapport de l'intensité de la lumière ; et aujourd'hui la *lampe de sûreté* éclaire suffisamment les mineurs. Elle devrait aussi les préserver radicalement des explosions du grisou, s'ils se donnaient la peine d'observer la coloration et la diminution d'intensité de lumière de la flamme de leur mèche, qui les avertissent de la présence de leur ennemi. Malheureusement ils n'en font rien : la prudence et la circonspection sont des qualités que l'on rencontre rarement chez les mineurs ; neuf fois sur dix, les catastrophes que nous déplorons sont dues à leurs négligences, à leur entêtement à ne pas observer les prescriptions qui leur sont imposées dans l'intérêt de la conservation de leur vie ; et lorsque, dans la catastrophe, quelques survivants ont été épargnés, si le coupable se trouve parmi eux, il se garde bien, naturellement, d'avouer sa faute.

CHAPITRE IX

LA HOUILLE. — SES EMPLOIS.

Ouradou et sa femme, sa femme surtout, furent très attentifs lorsque, de retour à Paris, je leur racontai les divers épisodes de mon excursion à la houillère de L***. Mme Ouradou était sérieusement touchée au récit que je lui répétai de l'épouvantable éboulement. Elle jetait un regard de côté sur ce charbon qu'elle avait toujours acheté et vendu avec une indifférence complète. Le charbonnier et sa femme commençaient à trouver tout cela intéressant; il me restait à leur expliquer le rôle de la houille dans le mécanisme du grand mouvement industriel de notre époque.

« Oh ! monsieur, me dit Ouradou déjà inquiet, je n'ai pas besoin que vous me le disiez ; je sais très bien ce que l'on fait avec le charbon : on le brûle pour se chauffer, pour faire la cuisine. On l'emploie aussi pour faire du gaz, pour chauffer les machines à vapeur.... pour... et encore pour beaucoup de choses.

— Arrêtez-vous, Ouradou ! lui dis-je en l'interrompant, car vous allez beaucoup trop vite. Chacune des applications de la houille que vous citez mériterait un long examen. Nous n'avons ni le temps ni l'érudition nécessaires pour nous en charger ; mais nous devons cependant consacrer quelques instants à l'examen sommaire de toutes ces questions. Et d'abord, puisque vous parlez de chauffage, depuis quand se chauffe-t-on ? et comment se chauffe-t-on ?

Pourquoi se chauffe-t-on ? serait une question oiseuse. On se chauffe parce que l'on a froid ; et ce, depuis l'époque où l'on a découvert l'art de faire du feu.

Comment on se chauffe ? c'est, au contraire, une question très complexe et qui, à elle seule, méritérait tout notre temps et toute notre attention, car elle nous intéresse tous, riches et pauvres ; puisque tous, autant que nous sommes, riches et pauvres, nous ne savons pas encore nous chauffer.

Nos ancêtres les Gaulois ne connaissaient pas l'usage de la cheminée : ils allumaient un grand feu dans le centre de leur habitation, et la fumée en sortait comme elle pouvait. Dans les Pyrénées, dans d'autres pays de montagnes, on trouve encore de nos jours, en plein XIXe siècle, cette méthode si vicieuse en usage dans les cabanes de nos paysans.

La cheminée est encore inusitée dans ces contrées arriérées. La fumée n'y a d'autre issue que la porte et les interstices du chaume qui couvre de misérables cabanes. Entrez-y, si vous l'osez, un jour d'hiver ; vous verrez, si la fumée vous le permet, ces malheureux toussant, geignant ; leurs paupières enflammées, écarlates, vous inspireront pitié et dégoût.

L'origine de la cheminée est cependant française ; on affirme du moins qu'elle a été imaginée en France, par un architecte ou un maçon, dans le XVe ou le XVIe siècle.

Son usage devait laisser beaucoup à désirer, puisque, malgré la simplicité de sa construction, ce n'est que très lentement et par une suite de perfectionnements qui se sont fait également attendre, que la cheminée est devenue d'un emploi à peu près général dans les contrées policées de presque tous les pays.

Ce fut d'abord une vaste capacité surmontée d'une hotte, le manteau, sous laquelle toute la famille, les serviteurs et quelques amis trouvaient aisément place. On s'asseyait sur des bancs de pierre qui entouraient le foyer ; la lampe à deux ou trois becs était suspendue à la hotte ; les femmes faisaient tourner leurs fuseaux ; les hommes devisaient entre eux de leurs affaires ; et, suivant que l'habitation était plus ou moins bien close, chacun était plus ou moins grillé par devant, plus ou moins gelé par derrière. Cela valait déjà mieux que le logis enfumé des Gaulois ; mais, de même qu'à cette époque reculée, ce n'était qu'à la condition de brûler des quantités immenses de bois, que l'on parvenait à se procurer un petit bien-être relatif.

Plus tard, beaucoup plus tard, les améliorations du système de chauffage ne sont pas encore sensibles, puisque, par un hiver rigoureux, Louis XIII est obligé de se réfugier dans son lit, parce que sa cheminée fume affreusement. Plus tard encore, nous voyons Louis XIV qui cependant se faisait appeler le Roi-Soleil, grelotter dans sa chambre et chercher, sous des fourrures, la chaleur qu'il ne peut obtenir de sa cheminée.

Un excellent physicien, et en même temps un homme de bien, Thomson, comte de Rumford, qui a fait une étude spéciale de la chaleur et de la combustion, imagina et propagea, au commencement de ce siècle, un système de foyers qui portent son nom. Après lui, un Américain, dont j'ignore le nom, inventa, en Angleterre, ces excellents appareils, trop tôt délaissés, que l'on a nommés *prussiennes*, je ne sais pas pourquoi.

Dans les prussiennes, le combustible est relativement très bien utilisé ; il l'est infiniment mieux, dans tous les cas, que dans nos cheminées à la française, qui ne nous donnent, dit Pouillet, que cinq pour cent du pouvoir calorifique des combustibles qui y sont brûlés.

Cheminée moderne.

Il est vrai que nos cheminées modernes, lorsqu'elles ne fument pas, offrent le double attrait de nous réchauffer en égayant les yeux. Que de pensées éclosent lorsque, dans le silence d'une soirée d'hiver, assis confortablement devant l'âtre, vous suivez du regard ces flammes éphémères qui s'élancent de volcans minuscules ; lorsque votre imagination vous fait apercevoir, dans la bûche qui se consume, des vallées en feu, des montagnes embrasées, le classique incendie de Sodome, et vingt autres spectacles chimériques enfantés dans la

Cheminée perfectionnée.

douce somnolence de votre esprit ! Mais tous ces beaux rêves ne retranchent absolument rien à la perte de 95 pour 100 du pouvoir calorifique qui s'enfuit par la cheminée.

Il y a un peu d'exagération dans l'évaluation purement théorique de cette perte, attendu qu'une loi physique, dont nous n'avons pas à nous occuper ici, s'oppose à l'utilisation intégrale du pouvoir calorifique que peut fournir un combustible quelconque ; mais il n'en est pas moins vrai que, dans nos systèmes de chauffage, nous ne recueillons qu'une très faible

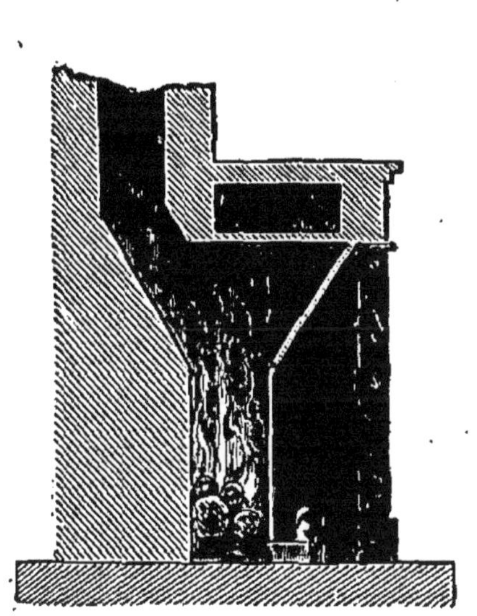

Cheminée moderne (coupe).

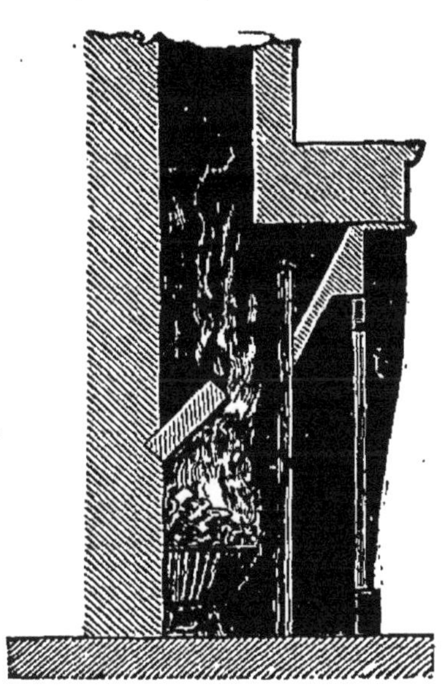

Cheminée perfectionnée (coupe).

partie de la chaleur que pourrait fournir le combustible que nous y consommons.

La houille, soit à l'état de houille crue, soit à l'état de coke, joue un rôle important dans le chauffage domestique ; celui-ci n'arrive pourtant qu'en dernier dans le chiffre de la consommation du combustible minéral ; il n'y occupe qu'un rang très effacé : on le démontre par un raisonnement très simple et par un calcul plus simple encore.

Si la houille n'existait pas, l'humanité trouverait en abondance, dans les forêts, et comme elle l'a toujours trouvé, le bois nécessaire au chauffage des habitations et à la cuisson des aliments. Elle y trouverait même, comme elle le trouvait également naguère, le combustible consommé par ses petites usines métallurgiques rudimentaires.

Dans certains hivers rigoureux, si les pauvres ont souffert du froid, ce n'est pas parce que la houille leur était inconnue ; mais c'est que les riches de cette époque n'étaient pas plus humains, ils l'étaient moins, que les riches de l'époque actuelle. Le combustible végétal, le bois, n'a jamais fait défaut.

Les forêts ont toujours pu satisfaire aux besoins du chauffage domestique ; mais il leur serait radicalement impossible de fournir la centième partie du combustible dévoré par l'industrie moderne. En voulez-vous la preuve ?

Dans les conditions ordinaires d'exploitation des bois *taillis*, un hectare de taillis aménagé à vingt ans produit, la vingtième année, 83 stères de *bois cordé* qui pèsent (330 kilogrammes le stère) ensemble 27,000 kilogrammes ; ce qui revient à dire que : *un hectare* de bois taillis produit *tous les ans* 1,370 kilogrammes de bois cru.

Le pouvoir calorifique du bois étant environ moitié de celui de la houille, il faut 2,000 kilogrammes de bois cru pour remplacer 1,000 kilogrammes de houille ; et conséquemment il faut 1 *hectare* 46 *de bois taillis pour donner l'équivalent d'une tonne du combustible minéral.*

De ces données, on arrive par le calcul au singulier résultat suivant :

Si la houille n'était pas encore découverte, et si l'Angleterre, la France, la Belgique et la Prusse devaient conquérir et conserver leur situation industrielle actuelle, il faudrait, pour remplacer les 130 millions de tonnes de houille que ces pays produisent et consomment aujourd'hui, 190 millions d'hectares de bois taillis.

Or les surfaces réunies de ces pays ne dépassent pas 130 millions d'hectares ; il leur manquerait donc de ce chef 60 millions d'hectares, sans compter l'espace nécessaire pour les villes, les routes, les fleuves, etc., et lorsque ces quatre pays auraient emprunté à leurs voisins l'énorme surface complémentaire de bois taillis qui leur manquerait encore, ils seraient aussi dans l'obligation de leur demander pareillement tous les produits alimentaires, végétaux et animaux, qu'ils ne pourraient plus tirer de leur propre sol, intégralement transformé en forêts ; puisque, tous comptes faits, il ne leur resterait plus le terrain nécessaire pour faire pousser une salade.

C'est à leur énorme production de houille que l'Europe et l'Amérique, il serait plus juste de dire « notre planète », doivent la stupéfiante transformation de leur régime industriel et commercial. La houille, qui leur est livrée en abondance, a permis à de donner à l'esprit d'invention de leurs ingénieurs un essor qui ne semble pas vouloir s'arrêter. Stephenson, au commencement de ce siècle, peut, grâce à la houille, imaginer, construire et alimenter la première locomotive pratique. Les métallurgistes ont fait appel à la houille pour produire et renouveler les immenses quantités de rails, ces anneaux d'une chaîne qui reliera fraternellement tous les peuples de la terre. C'est à la houille que nous devons la possibilité de faire circuler, rapidement et à bon marché, tous nos produits naturels et fabriqués ; que nous devons aussi celle de circuler nous-mêmes tantôt sur nos voies ferrées, tantôt sur ces *steamers* pour lesquels il n'y a plus de vents contraires.

La houille apparaît directement ou indirectement dans tous les événements de la révolution prodigieuse et féconde qui a transformé et amélioré les conditions de la vie sociale actuelle.

N'est-ce pas à la houille que nous devons aussi le gaz, ce soleil de la nuit, que l'électricité va probablement remplacer dans notre éclairage, mais qu'elle ne remplacera que plus tard dans son emploi comme moyen de chauffage ?

N'est-ce pas à la houille transformée en gaz,

en coke et en *goudron* que nous devons aussi ces nouvelles couleurs splendides dont nos étoffes sont économiquement ornées? Que ne lui devons-nous pas?

« Mais, vous écriez-vous, lorsque cette houille sera épuisée, que deviendrons-nous? L'époque de cet épuisement est prévue, calculée!

— Hommes de peu de foi, rassurez-vous! Cette époque prévue, calculée, sera sans aucun doute précédée d'une nouvelle révolution complète dans les connaissances humaines. Le génie de l'homme, surexcité par l'imminence du danger, aura enfanté un succédané de la houille, encore dans les limbes aujourd'hui. »

L'*eau* sera peut-être, pour nos petits-neveux, une source inépuisable, *indestructible* de chaleur. Il suffirait pour cela que l'électricité, si coûteuse aujourd'hui, devînt, à la suite d'une de ces découvertes qui marquent, de siècle en siècle, les étapes de l'humanité dans les voies du progrès et de la civilisation ; il suffirait, dis-je, que l'électricité devînt l'agent usuel et à peu près gratuit de la décomposition de l'eau. Elle le fait déjà, mais par des moyens très onéreux. Les hommes auraient alors sous la main la source indestructible de la plus formidable chaleur que la nature et la science aient mise à notre service.

Il faut considérer la houille comme le combustible providentiellement emmagasiné pour nous fournir, *lorsque les temps seraient arrivés,* les moyens de satisfaire aux premiers besoins de la révolution industrielle et sociale à laquelle nous assistons. C'est la mission confiée à la houille, et elle s'en est merveilleusement acquittée.

Il serait absurde de supposer qu'après elle, après son épuisement, tout serait fini ! Il serait absurde de croire qu'après avoir été le théâtre de l'activité du travail et d'une production prodigieuse, notre planète retomberait dans l'état de somnolence industrielle où elle se trouvait avant l'époque de l'utilisation de la houille.

Lorsque ma pensée s'arrête sur cette question inquiétante, je ne puis m'empêcher de tendre les bras vers l'électricité, cet enfant, ce bébé qui vient de naître et dont on réclame déjà des tours de force encore impossibles.

Avec l'aide d'une pile, j'ai, de mes mains, transformé l'eau en hydrogène et en oxygène ; le moyen était efficace, c'est le principal ; mais je conviens qu'il était coûteux ; ceci me paraît tout à fait secondaire. Je suis persuadé qu'il surgira un homme de génie, peut-être aidé par le hasard, qui dotera l'humanité des moyens pratiques et suffisamment économiques de décomposer l'eau en hydrogène et oxygène qui développeront, en reconstituant la même quantité d'eau, une chaleur bien autrement intense que celle qui résulte de la combustion de la houille. Que la houille s'épuise donc, l'eau est immortelle !

Voilà mon rêve. Et je ferme obstinément les oreilles aux démonstrations pédantesques des théoriciens qui prouvent par *a* plus *b* qu'il ne saurait en être autrement ; que l'électricité doit nécessairement être une force coûteuse.

« Messieurs les théoriciens, leur dis-je, vos théories sont certainement très respectables, et je les remercie, pour ma part, de m'avoir prémuni contre les tentations du mouvement perpétuel, de la pierre philosophale et de la quadrature du cercle. Mais, dites-moi, combien de fois vos théories ont-elles dirigé les esprits inventifs vers les plus utiles découvertes ? Un exemple entre cent, ont-elles conduit notre regretté Giffard à inventer l'alimentateur que vous savez ? Elles n'ont servi, en cette circonstance, comme en beaucoup d'autres, qu'à expliquer tardivement et péniblement pourquoi cette chose bizarre était, en résumé, possible.

Contentez-vous de cette satisfaction relative ; cessez de décourager les chercheurs par des dénégations auxquelles, de temps en temps, les faits accomplis appliquent le camouflet d'un démenti. N'oubliez pas que de très imposantes théories, celles de vos confrères de Bologne, par exemple, n'ont pas empêché Galilée de leur démontrer que si l'eau s'élevait à 10 mètres dans un corps de pompe, c'était pour une autre raison que l'horreur de la nature pour le vide. Prenez donc un peu plus de soin de la considération qui doit rester attachée à la science et aux savants.

— Alors, monsieur, si on se chauffe et si on s'éclaire sans charbon de terre, que deviendront les charbonniers ? me dit Ouradou d'un air inquiet.

— Les charbonniers ! eh bien ! mon ami, ils vendront de l'électricité. »

Nous n'en sommes pas encore là, malheureusement ; revenons à la houille, qui nous donnera encore fort longtemps le gaz qui nous éclaire, et au coke, qui a détrôné le charbon de bois dans nos grandes forges et dans d'autres usines métallurgiques, et qui remplace souvent le bois dans le chauffage domestique.

Ouradou ne vend pas de gaz, nous n'avons donc pas à nous en occuper ; mais il vend du coke ; et ce coke est précisément celui qui résulte de la fabrication du gaz, qui en est le principal *sous-produit.*

Ce coke ne saurait être dur, compact, attendu que la houille dont il provient a été distillée très rapidement ; et une longue pratique a démontré qu'une cokéfaction rapide ne peut produire qu'un coke léger, poreux ; tandis qu'une cokéfaction lente, dans des fours que l'on a soin de remplir aussi complètement que possible, produit des cokes durs, compacts, assez réfractaires ; c'est l'espèce de coke que l'on brûle dans les hauts fourneaux et divers autres appareils métallurgiques ; aussi le nomme-t-on « coke métallurgique ».

Le coke de gaz ne saurait être employé aux mêmes usages, mais il a son emploi tout trouvé dans nos foyers domestiques, où l'on en consomme aujourd'hui une grande quantité.

Il n'y a pas plus de vingt à vingt-cinq ans, la Compagnie du gaz était fort embarrassée de ce coke, de même qu'elle a été pendant longtemps également très embarrassée de son goudron, dont personne ne se souciait. Les temps sont bien changés : le « goudron de gaz » est merveilleusement utilisé dans la fabrication d'une foule de produits qui n'appartiennent pas à notre sujet.

Pour ce qui est de son coke, la Compagnie, nous venons de le dire, n'a plus à chercher des consommateurs. Pour peu qu'un hiver soit rigoureux, elle ne peut pas suffire aux demandes qui lui sont faites, et de nombreux commerçants font venir de loin les quantités complémentaires de coke dont la consommation parisienne ne saurait plus se passer.

CHAPITRE X

LE BOIS

Le bois est devenu un chauffage exceptionnel, à Paris du moins, où les gens aisés sont les seuls qui aient repoussé l'usage économique de la houille et du coke, et sont restés fidèles à l'usage plus coûteux, mais plus agréable du bois. Il y a quelque quarante ans à peine, les petits ménages brûlaient du bois, avec parcimonie, il est vrai, et en y ajoutant des *mottes* où du *poussier de mottes*, par mesure d'économie, lorsque c'était directement dans la cheminée que le feu était allumé.

Très souvent c'était dans de jolis petits poêles de faïence, munis d'un four, que l'on brûlait le précieux combustible ; et c'était une manière très rationnelle de se chauffer. L'épaisse faïence du poêle, je m'en souviens, emmagasinait une bonne partie du calorique développé, et le restituait ensuite lentement à l'atmosphère de ma chambre d'étudiant, après que le feu était éteint. Les longs tuyaux de tôle qui conduisaient la fumée dans la cheminée fournissaient également leur contingent de chaleur ; et enfin, dans le four, j'entendais crépiter un demi-litre de marrons dont un camarade surveillait la cuisson, pendant que j'allais faire emplette d'une bouteille de cidre chez un marchand de vin voisin ; un vrai Normand, comme son vrai cidre.

Les bonnes soirées !

D'autres fois, j'étais seul ; il n'y avait ni camarade, ni marrons, ni cidre. Je poussais alors une chaise tout contre mon poêle, je m'asseyais, je le prenais entre mes jambes, j'étendais mes mains sur l'émail de son couvercle ; et dans cette posture, pénétré par une bonne chaleur, je ne tardais pas à me laisser aller à une foule de rêvasseries sans queue ni tête. C'est ce qui arrive fatalement, dans des circonstances semblables, à tous ceux qui ont une cervelle aussi mal organisée que la mienne.

Plus tard, la chambre d'étudiant avait malheureusement fait place à un logement plus sérieux ; mais c'était encore le bon temps. C'était le temps où, en rentrant le soir au logis, on préparait méthodiquement son feu. Les cendres étaient relevées, en talus, dans le fond de l'âtre, et l'on y enterrait, à moitié, une grosse bûche mise à part à cet effet. Une bûche moins grosse lui était appliquée parallèlement par devant ; et sur celle-ci on plaçait les deux petits tronçons, à demi carbonisés, de la bûche de la veille. Une ou deux pommes de pin placées sous la petite bûche, et que l'on allumait avec un morceau de papier, quelques coups de soufflet, et la cheminée s'éclairait d'une flamme réjouissante.

Que de fois je l'ai regardée pendant une heure entière, et sans la voir, cette jolie flamme de mon foyer. Elle avait bien certainement la propriété de me magnétiser, d'anéantir ou plutôt de pomper les pensées qui s'échappaient de ma malheureuse cervelle, et de s'envoler avec elles par la cheminée.

Aujourd'hui une grille de fonte d'aspect revèche, dont les ouvertures sont rigoureusement calculées suivant une formule, plus de chenets sur lesquels j'allongeais délicieusement mes pieds ; une grille revêche où brûle un coke dépourvu de flammes, dépourvu d'esprit, qui me chauffe plus fort que la bûche du bon temps, mais que je ne regarde pas : un coke qui me chauffe fort, mais qui me laisse froid.

Le bois n'est pas un combustible « scientifique » comme la houille ; il n'est pas, non plus, aussi industriel, puisque son pouvoir calorifique est moitié moindre. Mais il n'est pas mort comme la houille, ce n'est pas un fossile, un cadavre enterré depuis des centaines de siècles ; il vit, lui, en plein soleil ; il est né au milieu de nous, il y croît, il y fleurit ; il orne la nature d'une belle parure verte ; il nous abrite sous son feuillage, il abrite également ces adorables virtuoses, les petits oiseaux, qui lui payent en jolies chansons sa bonne hospitalité : c'est un de nos meilleurs amis.

Pour ceux qui aiment les fortes émotions, il est même dramatique à sa manière : il ne nous foudroie pas d'un coup de grisou et ne nous écrase pas sous un éboulement ; mais ses mystères, souvent pleins de charme, deviennent, quand l'imagination s'y prête, des sujets d'épouvante et de terreur : émotions passagères qu'un rien a fait naître, et qu'un rien fait évanouir.

Les forêts ont été, dans un temps qui n'est pas encore bien éloigné, — et elles le sont encore un peu de nos jours, — un sujet de défiance et d'effroi. Les forêts seront le dernier refuge des superstitions.

Ce n'est qu'avec appréhension que l'on se hasarde, à la tombée de la nuit, à traverser une forêt. A l'heure du crépuscule, alors que les objets n'ont plus qu'une forme et une couleur indécises, lorsqu'un bouleau, éclairé par une dernière lueur, ressemble à un long fantôme blanc, et que les sapins qui l'entou-

Le bois vit en plein soleil...

rent pourraient bien être les noirs démons qui l'accompagnent ; lorsque le silence épais de cette solitude est tout à coup troublé par le lamentable hululement d'une chouette : le cœur bat plus vite, les jambes s'arrêtent ; on se demande, dans un premier mouvement irréfléchi, s'il ne serait pas sage de rebrousser chemin.

Mais, au même instant, la lune surgit au-dessus d'un nuage ; la scène s'illumine ; le fantôme blanc et les diables noirs s'évanouissent ; on a devant les yeux un bouleau, quelques sapins ; et comme on est toujours indulgent pour ses propres faiblesses, on sourit et.... en route !

Les forêts ont toujours eu une assez mauvaise réputation ; il faut convenir que certaines d'entre elles l'ont bien méritée. Lorsque l'on veut caractériser une association de pirates financiers, une maison de banque véreuse, on vous dit encore aujourd'hui : « Défiez-vous, c'est une forêt de Bondy ! »

Il n'est que trop vrai : les forêts ont parfois servi de refuge à des bandits de la pire espèce ;

Leur isolement, la facilité de s'y cacher, d'épier sa proie, d'y échapper aux poursuites, ont maintes fois favorisé des crimes atroces ; et le voyageur qui s'y aventure est très excusable d'éprouver un sentiment d'anxiété, lorsqu'il rencontre de ces hommes dont la figure et la tournure sont de celles que l'on ne voudrait pas trouver « au coin d'un bois ».

Des mœurs plus douces, ou plutôt, hélas! une police mieux faite, ont, Dieu merci, considérablement amoindri les dangers d'une promenade dans les forêts. Elles ne sont plus d'ailleurs le centre d'action des malfaiteurs : les villes, les grandes villes comme Paris, sont devenues leurs points de ralliement ; on y est dépouillé, assassiné beaucoup plus fréquemment qu'on ne l'a jamais été dans la forêt la plus mal famée. Un fantôme blanc, des diables noirs, sont donc les seules rencontres fâcheuses que le voyageur ait à redouter ; et c'est seulement pendant la nuit : l'expérience a démontré que ces terrifiantes apparitions n'ont jamais lieu en plein jour.

Le soleil est levé depuis longtemps, je n'ai

rien à redouter de semblable ; je chausse donc mes gros souliers, j'endosse ma blouse grise, et je m'achemine vers la forêt où m'appellent les affaires de la forge : Il s'agit de m'entendre avec Pierre Fauché pour une importante livraison de charbon... En route !

Les lisières des forêts sont généralement peu touffues ; il faut y pénétrer pour rencontrer une végétation plus compacte, d'aspect plus vigoureux. On dirait qu'en s'étendant la forêt a épuisé son dernier effort, son reste de vigueur.

Dès les premiers pas, on se sent déjà sous l'influence de pensées saines, bienfaisantes ; c'est une propriété des belles œuvres de la nature de donner un cours heureux à nos idées : le beau a le singulier pouvoir de conduire sur la route du bon. Et je me sens véritablement meilleur, j'oublie ce dont j'ai à me plaindre, en regardant ces feuillages verts, ces modestes et adorables petites fleurs des forêts, qui chantent, à leur manière, les louanges du soleil, leur bienfaiteur, et de celui qui leur a donné ce bon soleil. Moi, j'admire et je réfléchis.

Ces feuilles vertes, ces petites fleurs, tout cela respire ! tout cela vit comme moi ! tout cela obéit, comme moi, à des lois naturelles de conservation, de reproduction et de destruction ! Et ces lois, que les végétaux observent, c'est moi qu'elles protègent, c'est à elles que je dois de respirer un air pur, bienfaisant ; c'est à elles que je dois les aliments qui soutiennent mes forces ; c'est à elles que je dois de vivre !

Comme tout s'enchaîne dans la nature ! Tous ces organes, forts ou faibles, tous ces éléments qui participent au mouvement vital, dirigent les résultats de leur incessant travail vers un seul bénéficiaire, le dernier venu sur la terre, le Benjamin de la création, l'*homme*.

Ces arbres qui agitent, d'un air triomphant, leurs panaches de verdure, sont là pour purifier l'air que je respire : sans eux, cet air ne tarderait pas à être pestilentiel, mortel ; il cesserait d'avoir la propriété de revivifier mon sang, ma sève ; il entretient également la vie de tous mes feudataires : les animaux terrestres et les poissons dont je fais ma nourriture. Sans ces arbres, sans ces bienfaisantes forêts, tout périrait : tout s'enchaîne !

Elles respirent, ces forêts, ces plantes, mais c'est à mon profit. Leurs feuilles, criblées de milliers de bouches, leurs *stomates*, ont pour mission d'absorber l'acide carbonique dont s'in-

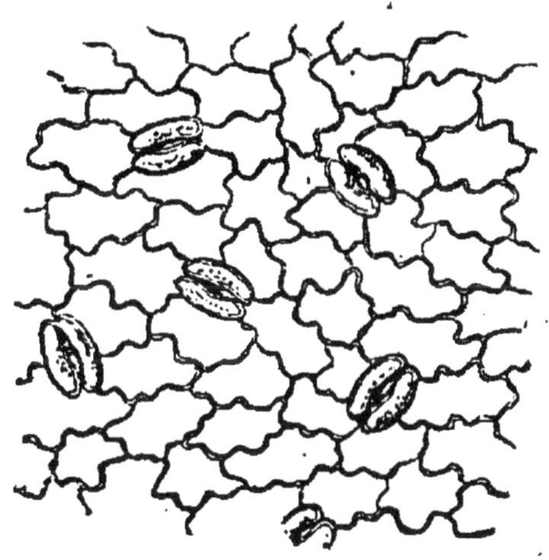

Stomates.

fecte incessamment l'atmosphère à chacune de mes expirations, puis elles décomposent cet acide carbonique, combinaison du carbone avec l'oxygène ; et, après s'être assimilé le carbone, qui est la base principale de la structure de tout végétal, elles restituent à l'air l'oxygène que celui-ci me fournit, de nouveau, pour entretenir ma vie. N'est-elle pas merveilleuse, cette organisation ? Ne mérite-t-elle pas que je lui consacre quelques instants, quelques explications ?

La *respiration* est l'acte essentiel de notre existence ; quand un être n'a plus un air respirable à respirer, il meurt. L'étude de cette importante fonction nous a dévoilé une des plus admirables harmonies de la nature. Les plantes respirent, et c'est à cette seule condition qu'il nous est permis de respirer à notre tour, de vivre. Cependant leur respiration et leur expiration ont un résultat inverse des nôtres. Leur respiration, comme la nôtre, altère la composition de l'atmosphère, mais dans un sens opposé.

Nous, après avoir aspiré l'air pur propre à entretenir la vie, nous expirons cet air, vicié par une très notable quantité d'*acide carbonique* qui s'est formée dans nos poumons, par suite de la véritable combustion du *carbone* contenu dans les matières grasses et sucrées charriées par notre sang. Il est évident que si, de leur côté, les plantes altéraient l'air atmosphérique de la même façon que les animaux, il y a longtemps que plantes et animaux n'existeraient plus. Ils n'auraient jamais pu exister, attendu qu'il y a longtemps que cet air, démesurément chargé d'acide carbonique résultant de leur commune respiration, ne serait plus susceptible d'entretenir la vie des uns et des autres, et ne serait plus respirable. Plantes et animaux auraient donc péri dans une asphyxie générale : mais il n'en est pas ainsi.

La partie *verte* des plantes, et plus spécialement les feuilles, munies de *stomates*, leurs organes respiratoires, absorbent, sous l'influence de la lumière, l'acide carbonique. Elles le décomposent, s'assimilent le *carbone*, avons-nous dit, et restituent à l'atmosphère l'*oxygène*, l'autre élément de l'acide carbonique.

Donc la respiration des animaux qui peuplent la terre, nos foyers qui déversent dans l'atmosphère des quantités énormes d'acide carbonique, ne tarderaient pas à rendre l'air irrespirable, impropre à nous conserver la vie, si providentiellement, sous l'influence du soleil, les feuilles des plantes ne se chargeaient pas de purifier incessamment cette atmosphère incessamment viciée par nous. Dans l'obscurité, au contraire, elles absorbent une certaine quantité d'oxygène, et expulsent une quantité proportionnelle d'acide carbonique.

Mais, direz-vous, s'il faut, pour opérer cette purification de l'air, que les plantes aient des feuilles et qu'elles soient éclairées par le soleil, que devient notre atmosphère pendant l'hiver, alors que les arbres sont dépouillés de leur feuillage, et que les nuits sont plus longues que les jours ?

Vous oubliez, répondrons-nous, que notre hiver, ici, est l'été dans l'autre hémisphère ; et que si la végétation sommeille ici, là-bas elle travaille activement. Vous oubliez également que, dans les régions tropicales, l'hiver n'existe pas, et que toute l'année la végétation y est active, infatigable. Croyez-moi, tout est prévu, calculé : nous ne pouvons que nous incliner, éblouis, reconnaissants.

Ces réflexions, et beaucoup d'autres que je vous épargne, me conduisirent jusqu'à la coupe que j'allais visiter. Elle me fut signalée à l'avance par les coups de cognée qui se succédaient à droite et à gauche, et ne s'interrompaient qu'au moment où un sinistre craquement annonçait la chute d'un arbre.

Les arbres émettent, je crois, une plainte au moment d'être abattus, au moment de mourir assassinés. Ce phénomène n'est pas perceptible lorsque l'on abat les jeunes arbres d'un taillis ; mais je l'ai bien positivement observé chez des chênes colossaux, deux ou trois fois centenaires, que je faisais abattre dans une forêt des Asturies dont je dirigeais l'exploitation.

L'abatage de ces géants s'exécute en observant certaines précautions : Pour éviter que le tronc ne se fende au moment de la chute, on a d'abord déchaussé les grosses racines, de façon à les rendre accessibles à la hache, et afin que l'entaille ne soit pas pratiquée dans la tige elle-même, mais à travers ces grosses racines moins susceptibles de se fendre. Lorsqu'elles sont dégagées, un bûcheron, courbé vers le sol, pratique à la hache cette entaille, qui doit être horizontale, profonde et peu haute. Le côté de l'entaille est celui vers lequel la chute de l'arbre va être dirigée.

Simultanément, mais du côté opposé, deux hommes armés d'une scie passe-partout entament également l'arbre par un trait de scie placé à la même hauteur que l'entaille, et le poursuivent jusqu'à ce qu'ils puissent y introduire une série de coins, de plus en plus gros, qui tendront, lorsque l'entaille et le trait de scie seront sur le point de se rejoindre, à obliger l'arbre à se pencher d'abord, et à s'abattre ensuite du côté où il a été entaillé.

Eh bien, j'ai maintes fois observé un véritable tressaillement du feuillage, lorsque l'entaille allait atteindre le cœur de l'arbre. Je ne puis l'attribuer aux vibrations que le choc de la hache aurait pu imprimer à l'énorme tronc, attendu qu'une fois abattu, une fois *mort*, de nouveaux coups de hache, pour faire tomber les grosses branches, ne produisaient pas ce même tressaillement.

Et enfin, un instant avant de s'incliner pour tomber, un bruit qui ressemblait à un véritable gémissement, précédait le craquement final. Malgré moi, j'éprouvais une pénible émotion en entendant ce bruit étrange ; était-ce une illusion? ou bien l'ai-je interprété dans le sens de mes regrets de tuer ce vieux géant inoffensif ? Ce n'était pas une illusion, car je n'étais pas le seul à l'entendre : les bûcherons qui l'entendaient également se reculaient en disant : « Ah ! voilà qu'il va tomber... gare ! »

Les forêts composées de ces gros chênes ou hêtres se nomment « futaies ». Dans les *coupes de bois* qui n'ont pour objet que la production du *bois de chauffage* ou du *bois de charbonnage*, on ne s'attaque qu'aux *taillis,* c'est-à-dire à des groupes de très jeunes arbres, de quinze à vingt ans, qui ne sont autre chose que les rejetons des vieilles souches d'arbres de futaies, abattus depuis longtemps.

Quinze ou vingt ans, suivant les espèces et la

Le bûcheron

nature du terrain, sont nécessaires à ces rejetons pour acquérir la grosseur qui les rendra propres à être vendus comme bois de chauffage ou de charbonnage ; c'est après ce laps de temps qu'ils sont exploités, abattus. Une forêt est aménagée en conséquence : on la divise en quinze, dix-huit ou vingt *coupes* qui sont mises en vente chaque année et chacune à son tour ; de façon que, à la fin de la quinzième ou de la vingtième année, lorsqu'on abat la dernière coupe, celle qui a été exploitée la première, il y a quinze ou vingt ans, est de nouveau apte à fournir une moisson, à être vendue et abattue. Le roulement est dès lors établi ; et l'on dit que la forêt est aménagée à quinze, dix-huit ou vingt ans.

Dans le cahier des charges qui réglemente chacune de ces ventes, il est expressément enjoint aux acquéreurs de la coupe de respecter les *baliveaux*, que l'on a, du reste, marqués d'un signe conventionnel. Cette dernière précaution, appelée balivage, semble superflue ; il ne saurait y avoir de méprise : les baliveaux, au milieu du taillis qui les entoure, sont suffisamment remarquables ; s'élançant bien au-dessus des taillis les plus élevés, ils ressemblent à des géants surveillant leurs troupeaux. Les baliveaux réservés sont les arbres qui acquièrent, après un temps toujours très long, de soixante à cent ans, les dimensions qui les rendent propres à être vendus comme *bois de charpente.*

Parmi ces mêmes bois de charpente, il en est qui, favorisés par les circonstances, quelquefois par l'indifférence et l'oubli, échappent à l'abatage, traversent impunément les événements et les orages d'une longue suite de siècles ; et deviennent un sujet de vénération pour les habitants du voisinage, et de respectueuse admiration pour le voyageur.

A quelques lieues de Paris, près du village de Champrozay, et dans la forêt de Sénart, vous pouvez voir un de ces survivants de la destruction incessante des grands végétaux de nos forêts; il est l'un des plus vieux parmi ces survivants : on le nomme le *chêne d'Antein.* Son âge se compte actuellement par siècles ; s'il savait parler, il vous conterait les histoires étranges et dramatiques d'événements dans lesquels il a été à la fois le témoin et l'acteur. Les seigneurs haut-justiciers de l'ancien temps faisaient pendre haut et court, à ses grosses branches, les manants qui avaient ou n'avaient pas commis les crimes ou délits entraînant la peine de la pendaison.

Combien de cadavres de coupables et d'innocents se sont balancés, sous le souffle du vent et sous la surveillance intéressée des corbeaux, pendus à ses grosses branches et à l'ombre de son feuillage qui les garantissait ironiquement du soleil !

Le chêne de Montravail, dans la Charente-Inférieure, est plus vieux encore ; il est probablement le doyen d'âge de tous les chênes de la France ; car il a vingt siècles d'existence. Les soldats de Germanicus, munis de la permission de dix heures, venaient probablement, accompagnés par les cuisinières et les bonnes d'enfants gauloises, danser des pyrrhiques sous son ombrage.

Aujourd'hui, malgré ses deux mille ans qui

Chêne d'Allouville.

devraient l'accabler de leur poids, il se couvre chaque année d'un feuillage aussi vert et aussi épais que celui de ses arrière-petits-enfants; et pourtant sa décrépitude est extrême : son tronc colossal (il a vingt-six mètres de tour) est vide ; il n'en reste pour ainsi dire que l'écorce, qui suffit cependant à la nutrition de ses énormes branches. Dans l'intérieur de ce tronc, on a trouvé l'espace nécessaire à l'installation d'une salle spacieuse. Une douzaine de convives peuvent s'y réunir autour d'une table, et trinquer, sans doute, à la prolongation indéfinie de l'existence de ce respectable vieillard. Le jour pénètre dans cette salle par la porte, qui est vitrée, et une fenêtre pratiquée dans l'épaisseur de l'écorce.

Un chêne plus jeune que le précédent (il n'a pas plus de neuf cents ans!), mais qui est au moins aussi curieux, se voit près d'Yvetot, à Allouville. De même que celui de Montravail, son énorme tronc est complètement creux ; il n'en reste également que l'écorce ; on l'a utilisé en le transformant en chapelle. Le lieu qu'il ombrage justifie la destination religieuse qu'on lui a donnée : c'est le cimetière de la paroisse au milieu duquel il a été planté. Ce ne sont donc plus des bons vivants, comme ceux de Montravail, qui vont rire et boire sous son ombre : Le chêne d'Allouville étend ses branches sur des gens qui ne rient plus ; et ceux qui le visitent n'y versent probablement que des larmes.

Plusieurs autres arbres, parmi les chênes et surtout les tilleuls, nous offrent des exemples d'une longévité extraordinaire. Je ne parle de ces géants de nos forêts qu'à titre de curiosités végétales qui méritent d'être citées ; car ils n'appartiennent pas à notre sujet. On ne fera jamais, je l'espère bien, avec ces nobles reliques des temps passés, les bûches et le charbon qui se vendent dans la boutique de notre ami Ouradou.

CHAPITRE XI

LE BOIS — SA CARBONISATION

Le bois, avons-nous dit, a cessé d'être le combustible général ; et sa consommation a considérablement diminué depuis une quarantaine d'années. Nous ne voyons plus arriver à Paris ces interminables *trains de bois* qui nous étaient surtout expédiés par les forêts de la Bourgogne et qui se succédaient sans relâche sur l'Yonne et sur la Seine, auxquelles ils donnaient une animation extraordinaire, que ces deux rivières ont perdue en partie ; en amont, s'entend.

Un train de bois offrait un spectacle intéressant : avec ses deux hommes, jambes nues, armés de fortes gaffes, placés à l'avant pour diriger sa marche dans le courant du fleuve, et lui éviter des chocs qui fréquemment le disloquaient ; à l'arrière, deux autres conducteurs,

Un train de bois.

ceux-là armés d'une longue et large godille, maintenaient l'arrière du train dans la ligne suivie par les deux hommes de l'avant. Toutes ces précautions n'empêchaient pas, de temps en temps, un abordage désastreux ; et alors les liens de châtaignier qui rattachaient peu solidement les rondins les uns aux autres, se rompaient ; les bûches s'éparpillaient dans le courant et s'échouaient sur quelque bas-fond. Il fallait alors les repêcher ; c'était l'affaire des *débardeurs.*

Les débardeurs dépeçaient également les trains qui arrivaient sains et saufs à bon port. Dans l'eau jusqu'à mi-cuisse, ils arrachaient les rondins, les brossaient dans l'eau pour les débarrasser de la boue qui les souillait, et les jetaient sur la berge, où les charretiers venaient les charger pour les conduire au *chantier de bois* qui était leur destination. Brunis par le soleil, tannés par le hâle de la rivière, ces débardeurs étaient de rudes compagnons. Ils repêchaient aussi, mais plus péniblement, le bois que les marchands de la Bourgogne expédiaient également par le fleuve, mais *à bûches perdues.*

Pour épargner la dépense de construction d'un train de bois, les expéditeurs, s'inspirant peut-être de l'heureuse chance de Moïse enfant, jetaient purement et simplement leurs rondins bien *secs*, et conséquemment flottables, dans la rivière, en la chargeant du soin de faire arriver leur marchandise à Paris. Ils prenaient la précaution de marquer chaque rondin à leur chiffre, afin que, au moment de leur sauvetage, il fût aisé de savoir à qui ils appartenaient; ils évitaient ainsi toutes les contestations. On appelait ce mode de transport : flottage à bûches perdues.

Mais, répétons-le, ce n'est plus que sur une échelle restreinte que l'industrie des expéditeurs de bois et des débardeurs est exercée aujourd'hui; il est évident que son importance ne peut être que proportionnelle à celle de la consommation; et celle-ci est considérablement diminuée. Ne nous attardons pas davantage sur ce sujet, et dirigeons-nous vers la partie de la coupe où Pierre Fauché a établi ses meules de carbonisation; c'est là que nous avons affaire.

Pierre Fauché avait entrepris la carbonisation de quelques hectares de bois dont il avait acheté l'exploitation. Il se faisait aider dans ce travail par ses deux filles, Adèle et Catarine.

Trois ou quatre bûcherons qu'il avait embauchés, abattaient le taillis et transportaient les rondins sur les *places*. On nomme ainsi les endroits préparés pour y établir les meules, les *fauldes*, comme on les appelle dans certaines contrées. Le travail des bûcherons se termine au coucher du soleil ; mais celui de la carbonisation ne laisse ni repos ni trêve, il exige une surveillance active, incessante, de jour et de nuit.

« Tiens ! vous voilà, monsieur, me dit Fauché en m'apercevant ; je ne vous attendais plus.

— Cependant, Pierre, je vous avais promis de venir aujourd'hui ; et si j'arrive un peu tard, c'est que, comme d'habitude, j'ai beaucoup flâné en chemin.

— Vous avez eu raison, monsieur : du reste, vous n'arrivez pas trop tard, puisque nous n'avons pas encore dîné ; et vous nous ferez le plaisir de manger un morceau avec nous, — n'est-ce pas, monsieur ? Allons ! Adèle, trempe la soupe.

Vous arrivez bien : après la soupe, — ajouta-t-il en baissant la voix, ce qui était bien superflu, car ses deux filles et moi étions seuls à l'entendre, — après la soupe, nous vous ferons manger une grillade !.... Je ne vous dis que ça ! Figurez-vous que ce matin j'étais allé dans le bois, avec mon fusil, pour voir si je ne trouverais pas quelques écureuils ; c'est çà qui est bon ! monsieur. Je n'ai pas vu d'écureuils, mais voilà qu'au moment où je revenais à la cabane, un gros capucin me détale entre les jambes, pour son malheur.

— Un capucin ?

— Eh oui, voilà sa peau, continua Fauché en me montrant la peau d'un lièvre, pendue à un arbre. Mais voici la soupe ; asseyez-vous où vous pourrez, monsieur, et mangeons. »

Fauché, en sa qualité de charbonnier, était un terrible braconnier, et il avait grand tort ; mais il avait raison, dix fois raison, lorsqu'il me disait que j'allais manger un bon morceau. Pendant que nous mangions la soupe, Adèle avait posé le râble du lièvre sur un gril, placé lui-même sur des charbons bien allumés. Elle l'y retournait fréquemment, en le saupoudrant de quelques grains de sel et de poivre. Préalablement, elle avait enveloppé une petite tranche de lard dans un morceau de papier, qu'elle avait ensuite approché du feu en l'assujettissant avec une fourchette. Lorsque le râble lui parut suffisamment cuit, elle enflamma le papier déjà graissé par le lard ; celui-ci ne tarda pas à prendre feu à son tour ; et alors, le suspendant au-dessus du râble, Adèle le couvrit d'une pluie de gouttes de feu qu'elle dirigeait savamment sur toutes les parties du lièvre qui en avaient besoin. A défaut de citron, quelques gouttes de vinaigre complétèrent l'assaisonnement ; et je certifie qu'un râble ainsi accommodé est une des meilleures choses que l'on puisse manger en plein air, dans une forêt, après une course apéritive et lorsque l'on éprouve un faible pour le fruit défendu.

Je me suis passablement écarté de mon sujet, mais j'aurais cru faire acte de mauvais citoyen si j'avais négligé d'indiquer à mon prochain la manière de préparer un excellent mets que je ne crois pas très connu.

Ce n'était pas seulement pour manger du capucin que j'étais venu trouver Pierre Fauché ; j'avais à débattre avec lui le prix d'une certaine quantité de charbon à livrer à la forge. Fauché était rond en affaires, ce ne fut pas long.

Je voulais aussi profiter de ma visite pour obtenir de mon charbonnier quelques renseignements sur la fabrication du charbon en forêt, et aussi sur différentes autres questions relatives à son métier.

« Il commence à faire frais, monsieur, me dit Fauché ; si vous voulez, nous irons nous asseoir dans la cabane..... Adèle ! va débarrasser le banc... Catarine restera ici à surveiller les meules. »

La cabane du charbonnier était à deux pas, dans un fourré qui m'avait empêché de la remarquer jusqu'alors ; elle mérite une description.

Destinée à être déplacée fréquemment, c'est-à-dire à suivre les déplacements successifs de l'exploitation, elle était construite en conséquence.

Plusieurs piquets de deux mètres de hauteur

constituaient la partie sérieuse de la construction. Sur ces piquets enfoncés en terre venaient s'appuyer des clayonnages mobiles fabriqués par Fauché et ses filles, avec des branches flexibles de châtaignier : voilà les murs. La porte était également un cadre fait avec quatre branches, sur lequel était appliqué un autre clayonnage de la même espèce ; deux courroies qui la fixaient à l'un des piquets de l'entrée, faisaient office de gonds ou de charnières ; une troisième courroie, se nouant autour de l'autre piquet, tenait lieu de serrure, sans avoir la prétention d'être une serrure de sûreté. Le toit était aussi formé de clayonnages sur lesquels des fougères avaient été accumulées et fixées par de nombreuses pierres qui auraient dû les empêcher d'être enlevées par le vent. En dehors des trois courroies, on voit que la forêt avait fourni tous les matériaux de la construction.

Le tout était loin d'être hermétique, comme vous devez le penser ; cependant, aux deux extrémités, les pignons, c'est-à-dire aux endroits où étaient placés les lits de Fauché et de ses filles, on avait eu soin d'enduire les clayonnages avec une couche de terre pétrie qui s'opposait, jusqu'à un certain point, au passage des vents coulis.

Les lits n'étaient autre chose qu'un tas de fougères sèches sur lesquelles une couverture de laine était étendue; une autre couverture complétait, je crois, ce couchage gallo-romain.

Et c'est dans cette cabane, déplacée trois ou quatre fois pendant la durée de la campagne, que cette famille passait six mois de l'année, n'ayant guère de relations qu'avec le boulanger qui apportait chaque semaine quelques vivres (du lard et des pommes de terre) et un nombre respectable de pains de quatre livres ; car ces trois estomacs, bien que très mal logés, n'en digéraient pas moins avec la plus louable activité.

« Que voulez-vous savoir, monsieur ? » me dit le charbonnier quand nous fûmes assis sur ce qu'il appelait le banc : trois longs rondins, destinés à être carbonisés à leur tour, et qu'il avait couchés sur des souches.

Je le priai de me donner une idée de la carbonisation du bois en forêt, sur le rendement et enfin sur le résultat de son industrie. Voici ce qu'au milieu d'interminables digressions que je supprime, je recueillis des explications du vieux charbonnier.

Après avoir été abattus, les bois des taillis sont tronçonnés en morceaux de cinquante à soixante centimètres de long. Les branches les plus petites sont réunies en fagots, mais une partie d'entre elles trouve son utilisation dans l'édification des meules.

La grosse question est de trouver une bonne *place* pour y installer les meules. La situation de la « place » exerce une grande influence sur les résultats de l'opération. Dans le choix de la place, la première des conditions à observer est de trouver un endroit où la meule soit autant que possible à l'abri des violents courants d'air. Puis il faut que cet endroit soit aisément accessible pour le bois cru qui va être carbonisé, et que le chargement et l'expédition du charbon fabriqué soient également faciles. Il faut aussi que le sol sur lequel la meule va être élevée soit sec, ni trop argileux, ni trop maigre ; et enfin il faut qu'on ait de l'eau à proximité.

Lorsque l'on a trouvé l'endroit où ces conditions sont à peu près remplies, on prépare, on égalise et l'on bat le sol sur une surface de cinquante mètres environ. Au centre, on plante trois ou quatre rondins droits d'un mètre quatre-vingts centimètres et espacés de quinze centimètres environ ; ce sera la cheminée centrale de la meule, par laquelle on introduira le feu d'allumage, et qui servira aussi au *tirage*, à la circulation de l'air appelé du dehors.

Au pied de cette cheminée, on place horizontalement sur le sol cinq ou six perches droites de trois mètres de long rayonnant vers la circonférence qui limitera la base de la meule. Ces perches vont être retirées lorsque la meule sera terminée. Les vides qui résulteront seront les *carneaux,* ouverts ou fermés suivant les besoins, qui appelleront l'air à l'intérieur de la meule, ou lui en interdiront l'accès.

On procède ensuite à l'empilage du bois, en appuyant *debout,* et circulairement autour de la cheminée centrale, les plus gros rondins réservés à cet effet. Contre ceux-ci on en appuie une seconde rangée, une troisième et ainsi de suite jusqu'à ce que la base de la meule en soit couverte. Cette base a ordinairement six mètres de diamètre. On a soin de remplir avec de menues branches les interstices, les *cages* qui n'auraient pas pu être évitées dans cet arrangement.

Sur ce premier étage, et en suivant le même ordre, on empile une seconde couche, puis une troisième, en observant de diminuer graduellement le diamètre des deux nouveaux étages ; et de cette façon on arrive à construire un cône très aplati.

On applique ensuite, sur toute la surface extérieure du cône, des mottes de gazon, si l'on en a à proximité ; à leur défaut, on fait une pâte épaisse de terre grasse, de fraisil et de mousse, avec laquelle on recouvre la meule de manière à lui donner la forme d'une enveloppe aussi hermétique que possible. La meule est dès lors *montée;* on retire les perches du pied et l'on procède à l'allumage, en faisant tomber dans l'intérieur de la meule, par la cheminée centrale, quelques charbons incandescents et du menu bois. Les deux ou trois premiers jours de la mise en feu sont consacrés à la dessicca-

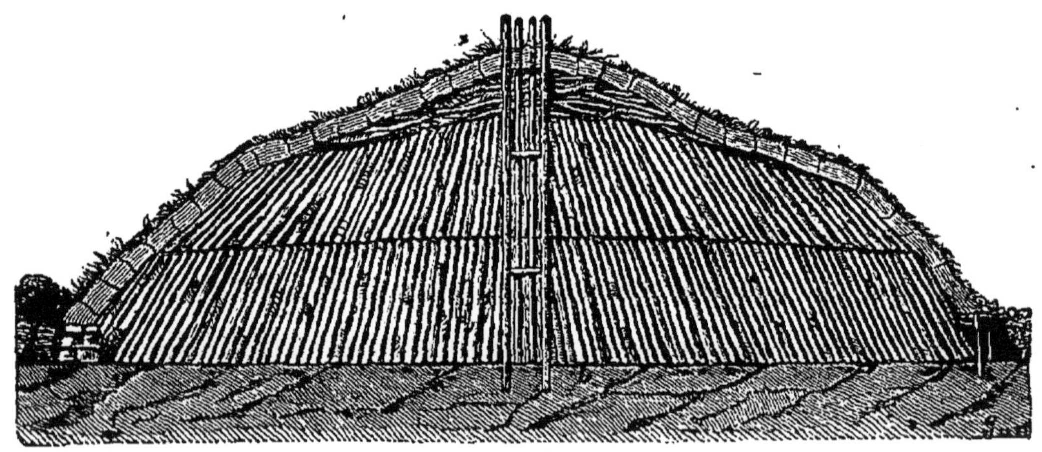

La meule.

tion radicale du bois; les jours suivants appartiennent à la période de torréfaction, puis à celle de carbonisation.

La surveillance devient alors incessante et active. Il s'agit de reboucher, avec le même mortier de fraisil, les fentes qui se manifestent dans la croûte extérieure; il s'agit surtout de surveiller les *évents* que l'on perce dans cette croûte pour activer la carbonisation dans les parties indolentes de la meule, et que l'on bouche aussitôt que la combustion devient trop vive.

On voit d'abord sortir par les évents une fumée blanche, épaisse et d'une odeur empyreumatique particulière ; elle entraîne l'acide pyroligneux et le goudron, qui ne sauraient être recueillis par ce procédé ; à cette fumée blanche succède une vapeur transparente, légèrement bleue, qui indique que la carbonisation est terminée dans cette zone ; on s'empresse donc de boucher les évents correspondants et l'on en ouvre d'autres pour appeler la combustion sur un autre point.

Le bois, en se carbonisant, perd un bon tiers de son volume ; il s'ensuit que la meule se déforme, s'affaisse, à mesure que la carbonisation tire à sa fin ; et c'est encore là ce qui exige une surveillance spéciale, car c'est une nouvelle cause de fissures dans l'enveloppe, qui doit rester hermétique.

La durée totale de la carbonisation d'une

meule dure une quinzaine de jours; si elle a été bien conduite, le rendement en poids du charbon doit être de 20 pour 100 du poids du bois employé.

Opérée dans de bonnes conditions, bien conduite, la carbonisation doit produire un charbon dur, sonore, sa cassure doit être brillante. Si la cuisson a été menée trop loin, le charbon est tendre, il se pulvérise sous la moindre pression, il est léger, sa cassure est terne : c'est de la braise. Enfin, si la carbonisation a été incomplète, si elle s'est arrêtée à la *torréfaction*, le charbon produit est du charbon *roux*, utilisable dans les opérations métallurgiques, mais qui est repoussé dans les usages domestiques; en brûlant il donne une flamme blanche et une fumée très désagréable qui lui a valu le nom de *fumeron*.

Lorsque la *place* a été mal choisie, lorsqu'elle n'est pas suffisamment abritée du vent et que celui-ci souffle avec force, la combustion est activée outre mesure. Le bois, au lieu d'être simplement carbonisé, se consume et, au lieu de produire du charbon, il se trouve réduit en braise : la perte est considérable pour le charbonnier.

Dans des circonstances semblables, il redouble de soins et de surveillance ; avec des clayonnages semblables à ceux de sa cabane, il entoure sa meule d'un paravent ; il augmente et consolide la croûte de fraisil qui la recouvre. Malgré tous ces soins, toutes ces précautions, le rendement en charbon est quelquefois terriblement faible ; et alors c'est la ruine.

La science de Pierre Fauché s'arrêtait là ; il ignorait complètement les moyens de recueillir les sous-produits de la carbonisation du bois, et ne se doutait pas que, depuis quarante ans, il laissait perdre, avec les fumées qui s'échappaient de ses meules, des quantités considérables de *goudron* et d'*acide pyroligneux*.

Du « goudron », il s'en doutait pourtant bien ; car fréquemment il en avait trouvé des traces manifestes sur l'aire de ses meules. Quant à l'acide pyroligneux, dont il n'avait jamais entendu parler, ce nom-là était pour lui du sanscrit. Je le mis sur la voie en lui disant que ce terrible acide pyroligneux était tout bonnement du « vinaigre de bois ».

« A la bonne heure ! me dit-il, voilà un mot français ; je le comprends ! Mais je n'aime pas l'autre. »

Pour reconnaître son obligeance à me donner tous les renseignements qui précèdent, je crus devoir, à mon tour, lui dire quelques mots des procédés employés pour recueillir le goudron et l'acide pyroligneux, bien persuadé d'ailleurs qu'il ne mettrait jamais ces explications à profit.

La carbonisation en forêt, en ce qui concerne la production des sous-produits, n'a jamais donné des résultats complètement satisfaisants.

On a cherché à échapper à l'obligation de construire et de faire fonctionner des appareils *fixes*, c'est-à-dire à conserver les avantages que présentent les meules *nomades*, en couvrant les meules ordinaires d'un vêtement mobile de tôle, qui, espérait-on, devait remplacer les appareils distillatoires usités dans les usines où l'on produit l'acide pyroligneux. Ce système, qui paraît cependant être très rationnel, ne s'est pas vulgarisé ; il est, je crois, fort peu mis en pratique ; et la plus grande partie de cet acide est fabriquée dans des usines et au moyen de divers appareils qui ont tous pour objectif : une carbonisation rapide et le plus fort rendement possible en acide pyroligneux. Dans cette opération, le charbon n'est plus qu'un accessoire ; il y devient, à son tour, un sous-produit ; l'acide, et incidemment un peu de goudron, est le résultat important de cette fabrication. Le charbon fabriqué de cette façon n'a pas les qualités métallurgiques du charbon fabriqué en forêt ; il est surtout appliqué aux usages domestiques.

L'acide pyroligneux, vulgairement appelé « vinaigre de bois », est apte à être le succédané du vinaigre de vin, lorsqu'il a été suffisamment purifié et débarrassé des huiles empyreumatiques qui donnent un très mauvais goût à l'acide pyroligneux brut ; en somme, c'est de l'acide acétique.

La nuit approchait : il était temps de reprendre le chemin du logis ; je levai donc la séance en souhaitant une bonne nuit à mes hôtes : souhait qui pouvait être interprété comme une mauvaise plaisanterie : un charbonnier ne passe jamais ce qui s'appelle une bonne nuit.

CHAPITRE XII

LE CHARBON DE BOIS

Il y a trente ou quarante ans, la production et la consommation du charbon de bois étaient immenses, alors que cent « forges au bois » étaient encore en pleine activité dans la Bourgogne, dans la Franche-Comté et dans quelques autres contrées pourvues de forêts ou de minerais de fer, et que toute la région pyrénéenne, de Perpignan à Bayonne, mais plus spécialement le département de l'Ariège, était couverte de « forges catalanes ».

Aujourd'hui, dans la Franche-Comté, la forge d'Audincourt, dans la vallée du Doubs, est, si je ne m'abuse, l'unique usine où l'on applique

Forge en bois dite Forge catalane.

encore le charbon de bois à la fabrication du fer. Dans l'Ariège, il n'y a plus que les deux petites forges catalanes du Saut-du-Theil et de Gudane qui continuent, malgré vents et marées, à produire cet excellent fer catalan qui ne tardera pas à passer à l'état légendaire. Mais elles ne tarderont pas elles-mêmes à suivre l'exemple des cent autres forges de la contrée, tombant en ruines depuis quinze ou vingt ans. Elles s'éteindront, écrasées par la terrible concurrence des « forges au coke », et avec elles disparaîtront les deux derniers consommateurs sérieux du charbon de bois fabriqué dans les montagnes de ce pittoresque pays.

Il y a quarante ans, la France produisait encore du bon fer ; elle en produisait peu, mais il était excellent. Avec la construction des chemins de fer est arrivée la nécessité solidaire de produire du fer en quantités inconnues jusqu'alors. D'un autre côté, toutes les industries se sont développées, tous les outillages ont dû être renouvelés, augmentés ; le fer allait être également appliqué à la construction des maisons, à celle des navires. Il était matériellement impossible que nos petites « forges au bois », si nombreuses fussent-elles, atteignissent un chiffre de production susceptible de satisfaire à tous ces nouveaux besoins. D'ailleurs, leur fer était beaucoup trop cher ; son prix n'était pas acceptable pour toutes ces nouvelles créations.

De grandes forges à l'anglaise furent donc créées ; aux petits hauts fourneaux « au bois » on substitua des hauts fourneaux au coke qui produisaient jusqu'à 100,000 kilogrammes de fonte par jour. Le fer résultant de ce mode de fabrication n'a certes pas la qualité du fer au bois, mais il peut être livré à nos grands constructeurs à près de 50 p. 100 meilleur marché, et il peut leur être livré en telles quantités qu'il sera nécessaire. De son côté, le petit consommateur s'habitua bien vite à la médiocre qualité d'un fer qui ne lui coûtait pas aussi cher ; et bientôt les malheureuses petites forges au bois, après quelques années d'une lutte inutile et ruineuse, durent s'incliner et s'éteindre : le charbon de bois perdait en même temps, au bas mot, les quatre cinquièmes de ses débouchés.

Le seul consommateur important qui lui ait conservé un semblant de fidélité, c'est le fourneau de nos cuisines ; et encore, on voit chaque jour cet ancien client délaisser le charbon de bois, séduit par l'économie réelle qu'il trouve à employer de la houille, séduit également par la commodité incontestable de l'emploi du gaz. Pauvre charbon de bois !

Après avoir été pendant des siècles le *deus ex machinâ* de notre industrie sidérurgique ; après avoir été, également pendant des siècles, le principal instrument de la cuisson de nos aliments ; après nous avoir rendu des services sans nombre, le voilà relégué au rang des choses surannées ! Tel est, du reste, le sort de tous les moyens imaginés et mis en jeu par l'homme pour améliorer sa condition.

Chacun de ces moyens a été un acheminement vers un perfectionnement ; celui-ci étant trouvé, on abandonne sans remords son prédécesseur ; et le dernier venu doit s'attendre à être abandonné à son tour, pour faire place à une nouvelle

Haut fourneau.

conception. Il en sera toujours ainsi jusqu'à

la fin des siècles : à la chandelle qui nous a éclairés pendant deux cents ans, a succédé la bougie ; à la bougie a succédé le gaz, qui sera supplanté par l'électricité. Le même sort était réservé au charbon de bois, notre vieux serviteur.

Les plus nombreux parmi nous qui se servent de ce combustible ne l'ont pas encore abandonné, parce qu'ils ne peuvent pas, hélas ! faire autrement. Ceux-là ne peuvent se servir ni de la houille ni du coke, qui exigent l'emploi d'appareils coûteux ; encore moins du gaz, qui entraîne à une installation plus coûteuse encore. Ils restent donc fidèles au charbon de bois qui, pour brûler, ne demande qu'un petit fourneau que l'on se procure à très bon compte ; on peut acheter ce combustible, au jour le jour, chez Ouradou et ses confrères.

Les malheureux sont restés les fidèles consommateurs du charbon de bois qui, au besoin, leur rend encore un service, le dernier, lorsqu'ils lui demandent la mort !

Mme Ouradou avait pour cliente une ouvrière, déjà âgée, dont la figure, tous les jours plus triste, l'avait frappée depuis quelque temps. Les visites de cette pauvre femme à la boutique devenaient de plus en plus rares ; elle n'achetait plus que de loin en loin son petit boisseau de charbon de dix sous, et la charbonnière, qui avait remarqué cela, comprenait qu'il n'y avait probablement pas grand'chose à faire cuire chez l'ouvrière ; aussi lui donnait-elle bonne mesure. Dame ! la vue baissait, baissait de plus en plus, et l'ouvrage ne produisait presque rien.

Deux semaines s'étaient écoulées sans que l'ouvrière eût fait son emplette habituelle, lorsqu'enfin, un jour, elle entra dans la boutique, munie d'un grand panier. Elle était d'une maigreur navrante, plus pâle que jamais ; ses pauvres yeux étaient tout rouges, de leur maladie sans doute, ou peut-être bien d'avoir beaucoup pleuré.

« Tiens ! vous voilà, Joséphine !... Est-ce que vous avez travaillé en ville ?

— Pas du tout, madame Ouradou, je n'ai pas travaillé..... en ville.... Voulez-vous, s'il vous plaît, me mesurer deux boisseaux de charbon ? ajouta-t-elle en avançant son grand panier.

— Avec plaisir, Joséphine.... mais.... que voulez-vous faire de deux boisseaux aujourd'hui ?

— J'ai beaucoup de linge à repasser... et puis, j'ai du monde à dîner, fit-elle avec un singulier sourire.

— C'est différent !... voilà vos deux boisseaux, bien mesurés.

— Et voilà vos vingt sous, fit l'ouvrière, en présentant sa pièce de monnaie.

— Rien ne presse, Joséphine, vous payerez cela avec autre chose... une autre fois.

— Une autre fois !... une autre fois !... non, merci bien, fit Joséphine en déposant sa pièce sur la table. Adieu ! madame Ouradou, adieu ! » recommença-t-elle en prenant son panier et en s'éloignant.

Joséphine rentra dans sa mansarde. Tout y était propre, bien propre et encore mieux rangé que d'ordinaire. Le parquet, en carreaux rouges, était bien luisant et ciré ; son lit était préparé comme à l'heure du coucher. Une petite table, couverte d'une serviette blanche, était placée contre son lit ; sur cette table, une lettre toute grande ouverte, fraîchement écrite, en gros caractères tracés avec hésitation. L'ouvrière s'approcha de la table, prit la lettre, la relut et en parut satisfaite. Puis elle alla vers la fenêtre, s'assura que le papier qu'elle y avait collé la rendait bien hermétique ; et, revenant à la porte, elle en retira la clef et y colla d'autres bandes de papier sur les fentes, et aussi sur le trou de la serrure. La cheminée avait été bouchée par un vieux jupon.

Après avoir examiné si toutes choses étaient en ordre, si aucune précaution n'avait été oubliée, l'ouvrière plaça son fourneau au milieu de la petite pièce ; quelques morceaux de braise y furent bientôt allumés et elle versa au-dessus ses deux boisseaux de charbon. De pâle elle était devenue livide, et pendant qu'avec son soufflet elle activait l'allumage du charbon, de grosses larmes, les dernières de ses pauvres yeux, coulaient dans les rides de son visage ; ses lèvres s'agitaient, mais ne prononçaient aucune parole.

Quand le feu fut bien allumé, Joséphine alla s'agenouiller au pied de son lit et commença une prière qu'elle dut bientôt interrompre : l'acide carbonique commençait à remplir la mansarde ; la respiration de la malheureuse devenait de plus en plus difficile ; sa poitrine était haletante ; la tête lui faisait horriblement mal ; ses tempes étaient comme prises dans un étau ; et ce ne fut pas sans difficulté qu'elle put se hisser sur son lit et s'y étendre en croisant ses mains sur sa poitrine.

Cependant Mme Ouradou avait été frappée de l'allure étrange de sa cliente, du ton avec lequel elle lui avait dit : « Adieu ! » et malgré elle, Joséphine, ses deux boisseaux, son air étrange, ne lui sortaient pas de l'esprit. La brave femme s'agitait dans sa boutique, et manifestait une secrète inquiétude.

« Qu'as-tu donc ? lui demanda Ouradou en remarquant cette agitation.

— Ce que j'ai ?... je n'en sais rien.... mais

garde un instant la boutique ; il faut que je m'assure de quelque chose ! Et, sortant en hâte, traversant la rue en courant, elle entra comme une trombe chez la concierge de sa cliente.

— Joséphine est chez elle ? demanda-t-elle.

— Oui, madame Ouradou. Vous savez où c'est ?... tout en haut... la seconde porte dans le corridor. »

Les six étages furent escaladés en une minute par la brave charbonnière ; arrivée à la porte qui lui avait été désignée, elle y appliqua son oreille et écouta. Après un instant d'attente, elle crut entendre une sorte de gémissement, comme un râle !

« J'avais bien deviné, » pensa-t-elle, et elle frappa, appelant : « Joséphine !... Joséphine !... »

Aucune réponse !

La robuste Auvergnate, s'arc-boutant alors contre le mur opposé de l'étroit corridor, lança sur la porte deux ou trois formidables coups de pied qui la jetèrent en dedans. Au même instant, une vapeur suffocante s'élança par l'issue qui lui était ouverte ; sans en tenir compte, la charbonnière pénétra dans la mansarde, courut à la fenêtre qu'elle ouvrit toute grande, et cria à la concierge, que tout ce tapage avait fait sortir de sa loge, de lui envoyer du vinaigre et de courir chercher un médecin.

« Joséphine fut sauvée, me dit Mme Ouradou en me racontant ce petit drame de la misère ; mais je ne sais pas, ajouta-t-elle comme en se parlant à elle-même, si je lui ai rendu service.

» Figurez-vous, monsieur, que la pauvre femme n'a pas tout à fait l'âge pour être admise aux Incurables ou dans un autre hospice. On la renvoie de Pierre à Paul... on n'en veut nulle part ! Avec quelques voisines, nous venons à son secours.... mais nous ne sommes pas riches, dans l'impasse. C'est bien triste, allez ! »

En effet, c'est bien triste.

CHAPITRE XIII

LE CHARBON DE PARIS

Paris ne produit d'autre charbon que celui déversé dans l'atmosphère, sous forme d'acide carbonique, par les poumons de ses deux millions d'habitants, par les milliers de cheminées de ses maisons et de ses usines, et par les millions de foyers lumineux de toute nature qui servent à l'éclairage de ses habitants. Ce charbon-là ne lui reviendra qu'en suivant mille sentiers détournés, et après bien des années de transsubstantiations successives.

Nous avons vu, lorsqu'il s'agissait des forêts et des plantes, que leurs feuilles étaient les agents providentiels de l'épuration de l'atmosphère, incessamment empoisonnée par l'acide carbonique résultant de la respiration de tous les animaux ; et nous avons compris qu'il fallait beaucoup de temps avant que le carbone, absorbé et assimilé par le végétal, puis transformé en ligneux, eût acquis, comme bois, une grosseur suffisante pour être brûlé dans nos cheminées.

On peut donc dire que Paris ne produit pas de charbon ; et que, si l'on a donné la qualification « de Paris » au combustible intéressant dont nous allons nous occuper, c'est surtout pour se conformer à l'idée adoptée, que tout ce qui vient « de Paris » est nécessairement bon, joli, bien fait ; ce pourrait bien être aussi pour constater que ce combustible est fabriqué à Paris : ceci est incontestable.

Le charbon de Paris, comme on va le voir, participe à la fois du charbon minéral et du charbon végétal. Il joue un rôle important dans le commerce d'Ouradou ; on peut en conclure qu'il est un objet de consommation fréquente chez les pauvres gens et dans les petits ménages. Cette considération seule expliquerait l'intérêt que nous inspire cet excellent produit.

Des déchets, des poussières de coke et de charbon de bois, en quantités suffisantes pour justifier les dépenses d'installation d'une usine à fabriquer le charbon de Paris, ne peuvent, du reste, se rencontrer que dans une très grande ville, dans un centre de consommation telle, que les divers transports et manutentions de ces combustibles friables produisent nécessairement une quantité proportionnelle de déchets, de poussières charbonneuses.

L'invention du charbon de Paris est due à M. Popelin-Ducarre, qui a su donner à la mise en pratique de son excellente idée les proportions d'une industrie très importante. Si je suis bien informé, la production annuelle de ce nouveau combustible s'élève aujourd'hui à près de 8,000 tonnes (8 millions de kilogrammes).

Voici quels sont les matières et les moyens employés pour le fabriquer.

Les matières sont de deux espèces : les matières charbonneuses et les matières agglomérantes.

Les matières *charbonneuses,* on les trouve partout où le coke et le charbon de bois produisent des déchets, soit par les frottements inévitables dans leur transport, soit par leur manipulation dans les magasins ou dans le lieu de leur production. On trouve celles-là dans les wagons de chemins de fer, dans les fonds de bateaux, dans les magasins spéciaux de coke, de charbon et de tourbe carbonisée. On les trouverait également dans les établissements qui fabriquent le coke métallurgique, et dans les forêts où l'on carbonise le bois; mais leur éloignement et conséquemment leurs frais de transport rendraient leur utilisation beaucoup trop onéreuse. C'est à Paris, c'est sur le lieu même de la fabrication du combustible, que celui-ci doit trouver les quantités considérables de ces déchets nécessaires à sa fabrication. Paris les produit.

En dehors des matières déjà carbonisées, qui ne suffisent probablement pas pour alimenter sa fabrication, le charbon de Paris trouve encore, à proximité, des combustibles *crus*, à bon marché, que leur carbonisation ultérieure rend propres à être également utilisés. Ce sont des résidus de *tan* (avec lesquels on fabrique aussi ce que l'on appelle les *mottes à brûler)* et les brindilles de bois ou *faguettes* provenant des élagages des arbres, de la coupe des taillis.

La carbonisation des faguettes ou brindilles de bois s'opère dans des fours d'une capacité de 10 mètres cubes environ, dans lesquels 1,500 kilogrammes de ces faguettes sont carbonisés dans les vingt-quatre heures, en trois opérations de huit heures chacune. Ces 1,500 kilogrammes de brindilles produisent à peu près 450 kilogrammes de menu charbon. J'ignore le procédé de carbonisation du tan.

Les matières *agglomérantes*, qui servent à réunir, à fixer, sous une forme définie, les poussières charbonneuses, sont en même temps combustibles : c'est le *goudron* brut provenant soit des usines à gaz, soit de la carbonisation du bois en vase clos; ou enfin, le *brai*, qui est l'avant-dernier produit de la distillation de ce même goudron.

Les matières charbonneuses étant ainsi recueillies ou préparées, on procède à leur pulvérisation, qui comporte trois phases successives. Dans la première, les matières passent entre deux cylindres cannelés qui broient les morceaux les plus gros : on peut appeler ces cylindres des *dégrossisseurs*.

Elles passent ensuite entre deux autres cylindres très rapprochés, et à surfaces unies; ceux-ci ont une vitesse plus grande que celle des dégrossisseurs, et les poussières en sortent déjà très fines. Enfin elles sont réduites en une poudre suffisamment fine dans une auge horizontale, dans laquelle tournent deux meules coniques qui achèvent de les pulvériser.

C'est dans cette dernière opération que l'on ajoute une quinzaine de kilogrammes de goudron (par 100 kilogrammes de poussière de charbon), et c'est alors que s'opèrent, aussi par les meules, le mélange, la trituration des poussières et l'incorporation du goudron.

L'opération du pétrissage est terminée lorsque la pâte résultante est parfaitement homogène. Il reste à lui donner par le moulage la forme des petits cylindres que nous connaissons.

M. Popelin-Ducarre a imaginé pour cela une machine très ingénieuse qui opère le moulage en comprimant la pâte dans des cavités cylindriques (légèrement coniques) du diamètre des *pains* que l'on veut produire. Un excentrique fait ensuite arriver ces cavités sous des pistons débourreurs qui font tomber les petits cylindres moulés dans les mains de deux femmes chargées de les attraper au passage, et les empêcher de se briser dans leur chute. Le chargement des moules et les autres manœuvres de la machine sont exécutés par deux autres femmes et par un homme. Ces cinq ouvriers produisent de cette façon environ 12,000 kilogrammes de petits cylindres dans une journée de travail.

Après leur moulage on les porte aux fours spéciaux, dans lesquels l'eau qui peut exister dans la pâte s'évapore en premier lieu ; et ensuite les hydrocarbures gazéifiables contenus dans le goudron se distillent et brûlent en fournissant une chaleur qui n'est pas perdue. Elle sert, entre autres utilisations, à produire la vapeur de la machine motrice de l'usine. Le goudron est réduit à l'état de charbon, après le départ de ces hydrocarbures ; il apporte donc son contingent de combustibilité dans la briquette produite.

La combustion plus lente et plus uniforme de ce *charbon moulé* le fait préférer, dans beaucoup de cas, au charbon de bois ordinaire, qui brûle plus vite, en développant, il est vrai, une chaleur plus vive, mais qui ne convient pas toujours dans une infinité d'opérations culinaires. Sous ce dernier rapport, le charbon de Paris est la providence des ouvrières, lorsque, enchaînées tout le jour sur leur chaise, par les exigences d'un travail de couture qui n'admet pas de fréquentes interruptions, elles ne sauraient se déranger à chaque instant pour surveiller, activer ou modérer la marche d'un réchaud alimenté par le pétulant charbon de bois. Elles peuvent, au contraire, en confiant au charbon de Paris la coction de leur petit pot-au-feu, tirer leur aiguille ou faire fonctionner leur machine à coudre, sans craindre que ce raisonnable charbon ne profite de leur inattention pour se livrer à des écarts blâmables, soit en s'éteignant, soit en s'emportant dans des développements de chaleur complètement superflus. Ce n'est pas son unique utilisation dans les mansardes des ouvrières.

Il fait froid, un froid humide qui pénètre jusqu'aux os, un froid noir, un froid attristant. Julie cherche en vain à ébaucher une petite chanson, celle que les jeunes filles chantent si volontiers lorsqu'elles ont vingt ans, mais le froid gèle la chanson sur ses lèvres. Habituellement l'aiguille semble voler sous ses doigts; mais aujourd'hui ses doigts sont engourdis, paresseux ; il fait si froid ! et il n'y a pas de chauffage au logis, pour la raison que vous devinez. Elle a deux sous, en tout et pour tout.

Or tout à coup il lui vient une idée ! une bien bonne idée sans doute, car elle dégringole quatre à quatre les cent marches de son escalier, et se précipite dans la boutique d'Ouradou.

« Une livre de charbon de Paris, s'il vous plaît.

— Voilà, mademoiselle ! » lui répond Mme Ouradou, en lui remettant six morceaux de charbon.

Six morceaux ! c'est plus qu'il ne lui en faut. Avec deux de ces morceaux, allumés et savamment arrangés dans sa chaufferette, elle entretiendra, pendant une partie de la journée, une bonne chaleur dont ses pauvres petits pieds ont grand besoin : elle les a, dit-elle, froids comme des « nez de chiens » ! Quand on a les pieds chauds, le froid devient supportable ; et d'ailleurs, en tirant l'aiguille un peu plus vite, on se réchauffe les mains. Et elle reprend sa jolie chanson.

Les pauvres sont les plus nombreux, mais ils ne sont pas les seuls appréciateurs des qualités spéciales de cet excellent combustible. Dans les grandes cuisines, les disciples de Brillat-Savarin s'en servent chaque fois qu'une chaleur modérée, uniforme, leur est nécessaire pour confectionner un de ces plats savants qui faisaient la joie du « Professeur », comme se qualifiait lui-même le spirituel auteur de la *Physiologie du goût*.

De la houille, du coke, du bois, du charbon de bois et du charbon de Paris, tels sont donc les cinq produits qui constituent tout le commerce de notre ami Ouradou. Ternes, noirs, salissants, les quatre dérivés de la houille et du bois encombrent et n'embellissent certes pas la petite boutique aussi terne, aussi noire que le marchand et les marchandises qu'il y débite ; n'en détournez pas vos regards.

Boutique et marchandises méritent au contraire, si je suis parvenu à vous le faire comprendre, que vous les considériez avec une respectueuse attention ; vous leur devez même une bonne part de vos sentiments de gratitude pour le bien-être dont vous jouissez ici-bas.

N'est-ce pas, en effet, en faisant usage des marchandises vendues par cet Auvergnat, que vous vous procurez les moyens d'avoir et d'entretenir du *feu*.

Le feu, agent indispensable dans la conservation de notre race ;

Le feu, sans lequel les métaux, nos plus puissants alliés dans la grande lutte que nous soutenons contre la matière, seraient encore enfouis et sans emploi dans leurs chrysalides, les minerais ;

Le feu, dont la perte serait promptement suivie de l'anéantissement de notre espèce ;

Le feu, enfin, que nous n'adorons plus à l'égal d'un dieu, mais qu'il nous est bien permis d'honorer à l'égal d'un bienfaiteur. N'est-ce donc pas le feu qui supplée, par sa bienfaisante chaleur, à l'insuffisance de nos vêtements, et achève de rendre supportable la nudité de nos corps ! Nous naissons nus et frileux ; nus et frileux nous restons jusqu'à la mort. Que deviendrions-nous sans ce beau et bon feu qui continue à réjouir nos yeux, lorsque sa chaleur ne nous est plus aussi nécessaire ?

François de Sales, un saint frileux, a dit que le feu était bon pendant les douze mois de l'année.

TABLE DES MATIÈRES

CHATEAUROUX. — TYPOGRAPHIE ET STÉRÉOTYPIE A. MAJESTÉ

www.ingramcontent.com/pod-product-compliance
Ingram Content Group UK Ltd.
Pitfield, Milton Keynes, MK11 3LW, UK
UKHW012031240726
13965UKWH00002B/718